# 寒区渠道模袋混凝土衬砌适应性研究

申向东　高　矗　李亚童　刘　昱　赵贵成　著

中国水利水电出版社
www.waterpub.com.cn
·北京·

## 内 容 提 要

本书考虑内蒙古河套灌区地域特征和气候环境，对模袋混凝土渠道衬砌在河套灌区的适应性展开了详细研究。对现役模袋混凝土衬砌渠道的力学性能和耐久性进行了系统全面的检测与评估，并深入探讨模袋混凝土的抗冻性机理。

本书根据内蒙古河套灌区不同灌域的原材料特点，对模袋混凝土的配合比进行优化设计。研究5种不同粉煤灰掺量对模袋混凝土耐久性性能的影响规律，利用孔结构分析仪分析混凝土内部的微观孔隙结构特征，研究模袋混凝土在冻融循环作用下的内部损伤规律，结合实验室内混凝土冻融试验成果，探讨了模袋混凝土的抗冻耐久性机理。

本书可供有关水利工程、农业工程等专业技术人员和研究人员参考使用。

**图书在版编目（CIP）数据**

寒区渠道模袋混凝土衬砌适应性研究 / 申向东等著
. -- 北京 ： 中国水利水电出版社, 2017.5 （2024.8重印）
ISBN 978-7-5170-5344-6

Ⅰ. ①寒… Ⅱ. ①申… Ⅲ. ①寒区－灌溉渠道－模袋混凝土－混凝土衬砌－抗冻性－研究 Ⅳ. ①TV331

中国版本图书馆CIP数据核字(2017)第092935号

| | |
|---|---|
| 书　　名 | 寒区渠道模袋混凝土衬砌适应性研究 HANQU QUDAO MODAI HUNNINGTU CHENQI SHIYINGXING YANJIU |
| 作　　者 | 申向东　高　矗　李亚童　刘　昱　赵贵成　著 |
| 出版发行 | 中国水利水电出版社<br>（北京市海淀区玉渊潭南路1号D座　100038）<br>网址：www.waterpub.com.cn<br>E-mail：sales@waterpub.com.cn<br>电话：（010）68367658（营销中心） |
| 经　　售 | 北京科水图书销售中心（零售）<br>电话：（010）88383994、63202643、68545874<br>全国各地新华书店和相关出版物销售网点 |
| 排　　版 | 北京智博尚书文化传媒有限公司 |
| 印　　刷 | 三河市佳星印装有限公司 |
| 规　　格 | 170mm×240mm　16开本　12印张　213千字 |
| 版　　次 | 2017年8月第1版　2024年8月第3次印刷 |
| 印　　数 | 0001—2000册 |
| 定　　价 | 42.00元 |

# 前　言

近年来，因内蒙古河套灌区节水改造工程中的模袋混凝土整体性能好、强度高、耐磨、抗化学腐蚀等特点，人们将其作为一种新型现浇混凝土技术运用到总干渠、干渠及斗渠等多处渠道衬砌中。从目前运行情况来看，大部分模袋混凝土渠道衬砌发挥了较好的效果，但也有部分地区应用效果并不十分理想，浇筑过程中出现浇筑困难、灌注不均、涨袋起拱、流动性差、整体形变等现象，而如果一味地增大水灰比，虽然可以提高其流动性，灌注流畅，施工方便，加快进度，但会对模袋混凝土日后的抗冻性产生不利影响。同时针对现役模袋混凝土渠道衬砌服役情况，也有必要进行检测评估。

针对河套灌区的地域和气候特点，有关模袋混凝土在河套灌区的适应性等相关研究尚未开展，相关已有的技术设计方案缺乏理论支撑，现役模袋混凝土衬砌渠道的力学性能和耐久性缺乏系统与合理的评价。如不能解决上述问题，模袋混凝土衬砌渠道的质量和工程造价难以控制，模袋混凝土对河套灌区渠道的影响难以鉴定和评估，将会对模袋混凝土在河套灌区的推广应用产生严重阻碍。因此，迫切需要针对已衬砌模袋混凝土渠道进行系统的质量检验检测，科学评定其力学性能和耐久性，对其在内蒙古河套灌区渠道衬砌中的适应性作出综合评价。内蒙古农业大学工程结构与材料研究所受巴彦淖尔市黄河水权收储转让工程建设管理处委托，对已建成的模袋混凝土进行了检测和评估。

本书检测试件均取自内蒙古河套灌区现役渠道工程，对模袋混凝土芯样试件进行抗压强度测试，利用格拉布斯检验法、t 检验法对推算结果进行比较，通过配合比对各组进行分析，对应力-应变关系进行分析并建立其本构方程，最后通过扫描电镜分析试件的微观结构，对宏观结论加以验证，并对模袋混凝土力学性能机理进行研究。本书研究了现役渠道模袋混凝土的抗冻性能，对芯样试件进行冻融循环试验，使用快速冻融法，用芯样试件的质量损失率和相对动弹性模量作为评价冻融性能的指标，并用 SEM 扫描电镜对其微观结构进行分析，探讨模袋混凝土抗冻性机理。

为了进一步将模袋混凝土在北方寒区推广运用，在已优化的配合比基础上，本书通过改变粉煤灰的不同掺加量，来研究不同粉煤灰掺量对模袋混凝土力学性能、抗冻性能的影响。粉煤灰作为一种工业废料，具有改善模袋混凝土的和易性等作用，相比水泥又具有较强的价格优势，因此，在不影响模袋混凝土工作性能的前提下，应尽可能多地使用粉煤灰，可以起到变废为宝、保护环境的作用，对建设环境友好型社会也具有积极意义。

本书根据内蒙古河套灌区不同灌域的原材料特点，选取磴口县、临河区、五原县、乌拉特前旗作为试验地点，前往各试验点取回所需试验原材料，对各试验点的原材料（水泥、石子、沙子、粉煤灰、水）进行检测，确定其能否满足相关规范对原材料的要求。根据模袋混凝土的特点，参照相关规范以及现役模袋混凝土配合比，分析现役模袋混凝土抗冻性不足的原因，添加引气剂，增大混凝土的含气量，对模袋混凝土的配合比进行优化设计。确定基准配合比之后，利用粉煤灰内掺法，替代不同比例的水泥，研究5种不同粉煤灰掺量对模袋混凝土力学性能的影响规律。采用“快冻法”，以质量损失率和相对动弹性模量作为评价指标，研究5种不同粉煤灰掺量对模袋混凝土抗冻性的影响规律，对比分析两个指标的规律异同。利用孔结构分析仪分析混凝土内部的微观形貌，研究模袋混凝土在冻融循环作用下的内部损伤规律，结合冻融结果，探讨模袋混凝土的抗冻耐久性机理。并将室内试验配合比优化成果应用于河套灌区的模袋混凝土衬砌工程中，进行野外试验，且对野外试验段进行检测与评估，结果表明其服役效果较佳，能够满足河套灌区实际服役环境的要求。

本书的研究内容得到了国家自然科学基金（51569021）、教育部创新团队计划（IRT13069）、内蒙古自治区科技计划（应用与研究开发项目）（20130425）、内蒙古巴彦淖尔市黄河水权收储转让工程建设管理处等的资助。

本书的成果有：在国家核心期刊及大型国际会议上共发表学术论文3篇，为渠道模袋混凝土管理、建设单位提交相关研究报告5个（已在内蒙古河套灌区的实际工程中得到应用）。

参加本项目的研究人员有：内蒙古农业大学申向东、何梁、王晓飞、高矗、李亚童、董伟、薛慧君、刘昱、李根峰、樊浩伦、何静、田晓敏、赵曦等；内蒙古巴彦淖尔市黄河水权收储转让工程建设管理处赵贵成、步丰湖、温俊、曹冲、孙晓东、余淼、周龙伟、马建军、吉仁古日巴、张生、高俊通等。全书由申向东、高矗统稿。

本书所研究的内容属于建筑材料、水利工程及工程力学的交叉学科，同时影响渠道模袋混凝土强度和抗冻性能的因素众多，本书仅对内蒙古河套地区渠道模袋混凝土进行了初步的研究。许多问题仍在研究与探索阶段，作者虽夙兴夜寐、尽心尽力，但水平有限，书中难免有不足之处，敬请读者和专家批评指正。

作 者

2017年3月

# 目　　录

# 第 1 章　绪　　论

## 1.1　研究背景及意义

我国疆域辽阔，各种资源总量大、种类全，但人均占有量少。其中，全国水资源总量约为 28000 亿 $m^3$，居世界第六位，但人均占有量不足 $2100m^3$，仅为世界人均占有量的 1/4，中国已被联合国列为 13 个最贫水国家之一[1-3]。资料显示：近年来，我国可利用供水量不足水资源总量的 30%，而农业用水量占到全国总供水量的 60%以上；以 2014 年为例，全国总供水量 6095 亿 $m^3$，生活用水占总供水量的 12.6%，工业用水占 22.2%，农业用水占 63.5%，生态环境补水占 1.7%。可以看出，绝大部分可利用供水量都消耗在农业用水上，而农业用水中的灌溉用水占农业总用水量的 90%以上[4]。

随着经济社会的发展及人民生活水平的提高，工业和生活用水的消耗量将不断增加，而农业用水的消耗量将不会有大的增加空间。同时，我国水资源的分布并不均匀，南方多北方少，东部多西部少，整体呈现出从东南沿海地区向西北内陆递减的趋势[2]（图 1-1），这无疑更加重了我国北方地区，尤其是北方偏西部地区的用水负担。

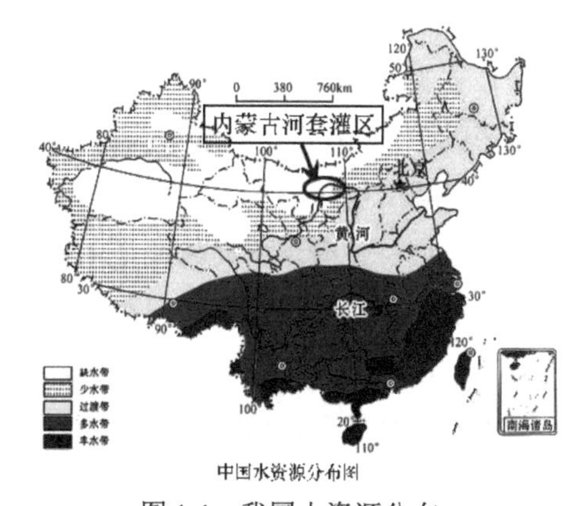


图 1-1　我国水资源分布
Fig.1-1　Distribution of water resources in china

要解决我国农业灌溉面临的缺水、耗水问题，必须发展节水灌溉，提高输水利用率，通过农业用水内部挖潜来解决[5][6]。据统计，目前我国农业用水的有效利用率平均只有 45%，超过一半的输水渠道为“裸渠”，即农田灌溉时，经土渠输送，沿途损失的水量高达输水总量的 50%以上[7]，大量的灌溉用水白白流失，如何提高输水渠道的输水利用率是亟待解决的问题。输水渠道的衬砌防渗是减少输水损失的有效途径，对输水渠道进行衬砌，可有效减少渗漏损失的 70%～80%，同时提高输水渠道水流流速，应用效果显著[8]-[10]。因此，做好渠道衬砌防渗工程，提高渠系水利用率，是实现节水型农业的重要举措。在水利工程中，混凝土衬砌渠道是一种具有较高节水能力的水工建筑物，已被广泛应用于我国各地区农业灌溉中。

河套灌区是中国设计灌溉面积最大的灌区，位于内蒙古自治区西部的巴彦淖尔市。河套灌区西接乌兰布和沙漠，东至包头九原区，南临黄河，北抵阴山，东西长 270km，南北宽 40～75km，总面积 105.33 万余公顷。灌区地形平坦，西南高，东北低，海拔 1007～1050m，坡度 0.125‰～0.2‰（图 1-2）。河套灌区地处黄河上中游内蒙古段北岸的冲积平原，夏季高温干旱、冬季严寒少雪，寒暑变化剧烈；全年降雨量小，为 130～250mm，蒸发量大，为 2000～2400mm；无霜期短、封冻期长，是典型的温带大陆性气候，从来就是没有灌溉便没有农业的地区[11][12]。因此，作为国家重要的商品粮、油基地，解决该地区的农田灌溉问题就显得尤为重要。

河套灌区引黄灌溉条件便利，黄河流经灌区南部边缘 345km，以三盛公水利枢纽为取水构筑物引黄河水浇灌，年均引黄用水量约 48 亿 $m^3$；现有总干渠 1 条，干渠 13 条，分干渠 48 条，支渠 372 条，斗、农、毛渠 8.6 万多条；总灌溉面积 1679.31 万亩，实际灌溉面积 861.54 万亩。河套灌区的农业灌溉多依靠输水渠道，且大部分地区以“裸渠”或混凝土板衬砌渠道作为灌溉输水渠道（图 1-3），在输水过程中有近 50%的水会沿土坡、混凝土板衬砌渠道的底板及坡板缝隙渗漏到周边无须灌溉的土壤中，造成水资源的大量浪费。面对黄河沿岸水资源日益紧缺、用水高峰难错开的严峻形势，从 2005 年开始，河套灌区建设进入以节水改造为目的的建设新阶段，灌区逐步进行节水改造工程，其主要内容为渠道衬砌防渗改造及建筑物配套工程。近些年，因模袋混凝土具有整体性好、施工简便快速等特点被大面积推广，河套灌区节水改造工程将其作为一种新型现浇混凝土衬砌技术运用到灌区渠道衬砌中（图 1-4）。将模袋混凝土运用到河套灌区渠道衬砌工程中，对输水渠道进行硬化的同时使渠道的整体性能得到提高，可有效防止灌溉水在输送过程中由渗漏造成的浪费，使内蒙古河套灌区渠系建设更加合理、科学，对创建节约型社会具有积极意义。

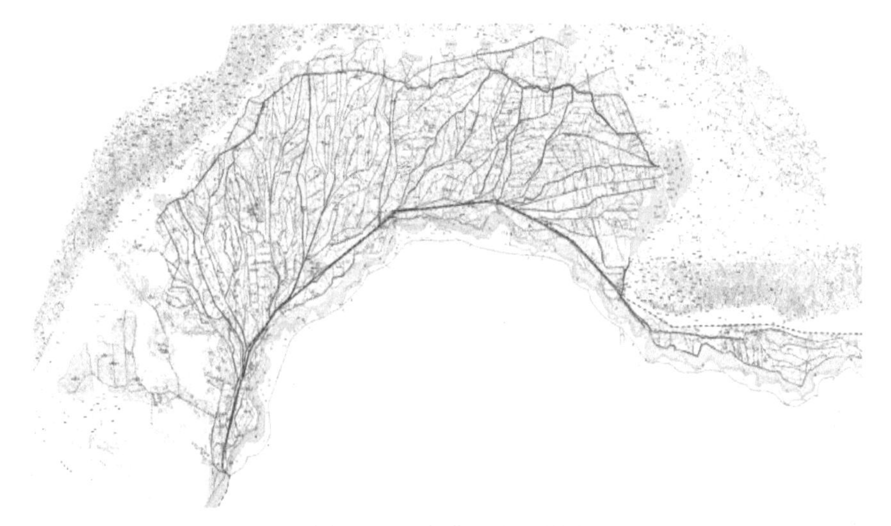

图 1-2　河套灌区地区详图

Fig.1-2　Detail area in Hetao Irrigation District

图 1-3　混凝土衬砌板渠道

Fig.1-3　The concrete lining plate channel

图 1-4 模袋混凝土衬砌渠道

Fig.1-4 The mold-bag-concrete lining channel

相较于传统的混凝土板渠道衬砌，模袋混凝土衬砌具有整体性好、施工简便快速、抗渗防漏效果好等优点，更加符合内蒙古河套灌区的实际工程需要。参考近年来辽宁、吉林、黑龙江等东北地区对模袋混凝土在输水渠道、河堤护岸等方面的工程实例及其相关经验[13]，内蒙古河套灌区也开始重视并引进该项衬砌技术，在各灌域干渠的输水渠道中相继展开应用。但由于缺乏施工经验，技术力量参差不齐，部分地区衬砌的模袋混凝土在施工和使用过程中存在浇筑困难、灌注不均、涨袋起拱、表面剥落、整体形变、部分断裂以及抗冻性差等问题（图 1-5），这都对模袋混凝土渠道衬砌技术在内蒙古河套灌区的推广应用造成困难，以上问题除了施工质量方面的因素外，模袋混凝土的配合比设计不当也是重要原因。因此，为更好地推广模袋混凝土在北方寒区渠道衬砌中的应用，有必要充分利用河套灌区当地砂、石、矿物掺合料等资源，结合模袋混凝土对混凝土的和易性、力学指标和耐久性的相关要求，系统开展模袋混凝土室内外配合比优化设计试验研究，研制出具有广泛适应性的现场混凝土施工配合比，为模袋混凝土在北方寒区渠道衬砌中的应用提供强有力的理论支撑。

本书以此为契机，选取河套灌区不同灌域具有代表性的几个灌渠，就地取材对原材料性能进行检测并对比分析，在现役模袋混凝土原有配合比的基础上，进行配合比优化设计，然后选出具有代表性的配合比，进行力学性能试验和抗冻性能试验并进行机理分析，这将对模袋混凝土性能的深入研究及其后续推广应用具有重要指导意义。同时，在已优化的配合比基础上，通过改变粉煤灰掺量，来研究不同粉煤灰掺量对模袋混凝土力学性能、抗冻性能的影响。粉煤灰作为一种工业废料，具有改善模袋混凝土的和易性等作用，相比水泥又具有较强的价格优势，因此，在不影响模袋混凝土工作性的前提下，应尽可能多地使用粉煤灰，可以起到变废为宝、保护环境的作用，对建设环境友好型社会也具有积极意义。

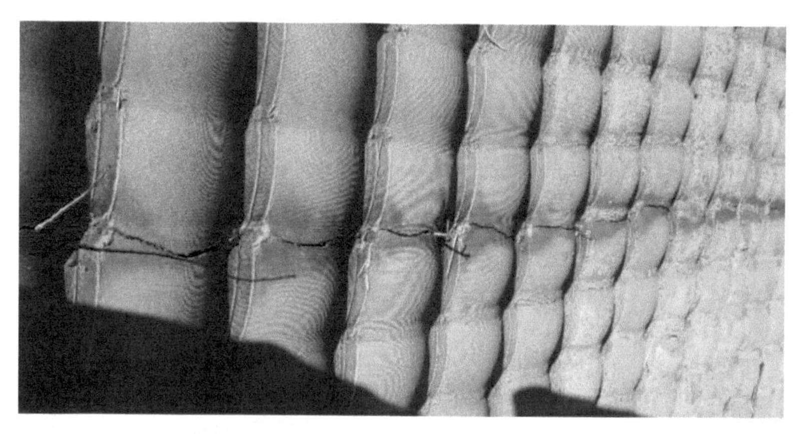

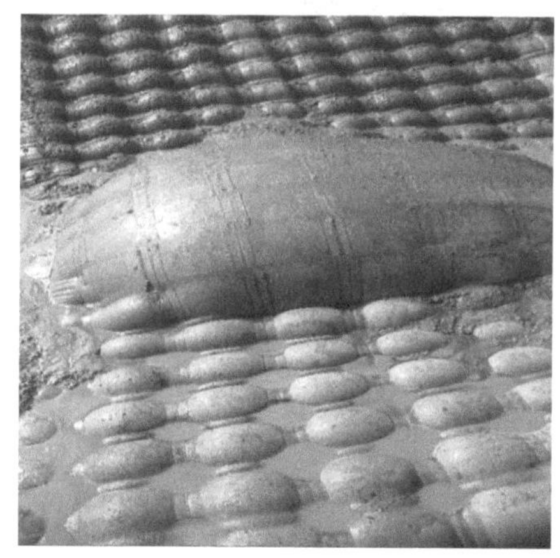

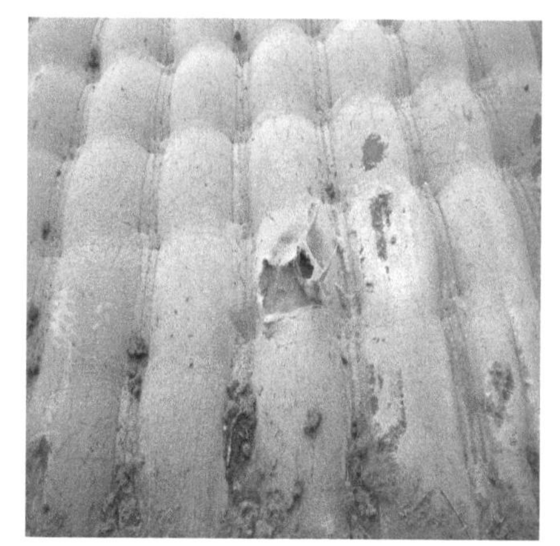

图1-5 模袋混凝土使用过程中存在的问题

Fig.1-5 Existing problems in the use of mold-bag concrete

河套灌区沈乌灌域一干渠上段、建设一分干、建设二分干控制范围渠系工程是内蒙古黄河干流水权盟市间转让河套灌区沈乌灌域试点工程第一批实施项目中的渠系工程部分。建设任务是一干渠上段、建设一分干、建设二分干三个系统的斗以上渠道的防渗衬砌改造及建筑物配套工程，建设内容是斗以上渠道衬砌改造总计 693 条，合计总长度 1390.65km，新建各类渠系建筑物 9015 座。按照项目总体工程方案和进度安排，项目拟在一干渠、总干渠、丰济渠、沙河渠和南边三干渠等 5 处采用 C20、F200、W6 的模袋混凝土进行渠道衬砌，模袋混凝土厚度由工程中所遇到的不同边界条件的受力因素确定，取 10cm、12cm、15cm 三种厚度。截至 2014 年 5 月，5 处模袋混凝土衬砌工作已相继完工。从已建工程的运行情况、工程造价、管理运行、维修养护、施工方便、安全稳定等方面进行比较分析，模袋混凝土具有一次成型、施工速度快、质量容易控制、可在水上或水下直接浇筑、成型后不易破损、大幅减轻管理维护负担等优点，能够取得显著的经济、社会和生态效益，初步确定可在河套灌区大面积推广应用。

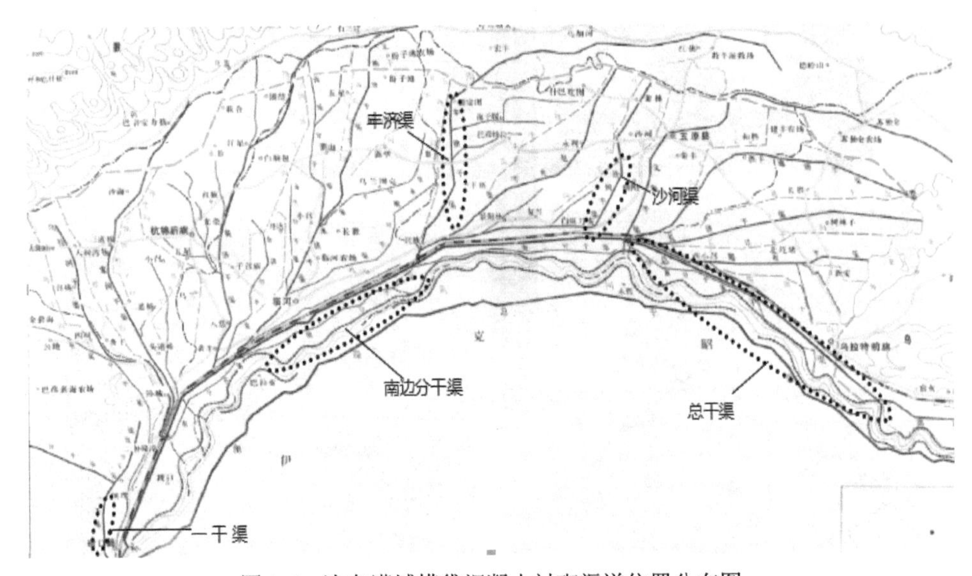


图 1-6　沈乌灌域模袋混凝土衬砌渠道位置分布图

Fig.1-6　The location map of mold-bag-concrete lining canals of Shen wu irrigation

经过在一干渠、总干渠、丰济渠、沙河渠和南边分干渠等 5 处进行模袋混凝土渠道衬砌试点和示范，初步总结出一套适用于河套灌区渠道衬砌的模袋混凝土施工技术方案，制定了初步的施工技术要求和质量控制要点，为模袋混凝土推广应用奠定了基础。然而，针对河套灌区的地域和气候特点，有关模袋混凝土在河套灌区的适应性等相关研究尚未开展，相关已有的技术方案缺乏理论支撑，现役模袋混凝土衬砌渠道的力学性能和耐久性缺乏系统和合理的评价，如不能解决上述问题，将会对模袋混凝土在河套灌区的推广应用产生严重阻碍，模袋混凝土衬砌渠道的质量和工程造价将难以控制，模袋混凝土对河套灌区渠道的影响也将难以鉴定和评估。因此，迫切需要针对已衬砌模袋混凝土渠道进行系统的质量检测，科学评定其力学性能和耐久性，对其在河套灌区渠道衬砌中的适应性作出综合评价。鉴于模袋混凝土在北方寒区水利工程中应用较少，本书结合实际工程，针对处于北方寒区气候及环境下的现役模袋混凝土衬砌渠道，进行大量取样研究并检测其力学性能及抗冻性能，利用扫描电镜探讨微观机理，对模袋混凝土在北方寒区大面积应用具有重要意义，同时对现役混凝土建筑的实时监测提供了有利的参考价值。另外，运用人工神经网络对实际工程中模袋混凝土的力学性能及抗冻性进行预测，可以更加准确地了解模袋混凝土衬砌渠道的现状，对今后的使用或加固提供了理论依据，同时对未建工程的设计与施工提供参考依据，减少试验次数、试验时间的同时节约了施工成本，提高模袋混凝土衬砌渠道工程的质量。

## 1.2 模袋混凝土研究现状

### 1.2.1 模袋混凝土概况

模袋混凝土技术是从国外引进的一种现浇混凝土技术，采用织物模袋做软模具，通过混凝土泵将混凝土充灌进模袋成型，起到护坡、护底、防渗等作用，具有整体性能好、强度高、耐磨、抗化学腐蚀等特点[13][14]（图1-7）。模袋混凝土是在普通混凝土的基础上，通过用高压泵将混凝土或水泥砂浆灌入纤维模袋中，通过袋内吊筋袋、吊筋绳（聚合物，如尼龙等）的长度来控制混凝土或水泥砂浆的厚度，混凝土或水泥砂浆固结后形成具有一定强度的板状结构或其他结构，能够满足工程的各种需求[15][16]。采用混凝土模袋加固堤脚堤基的方法，具有施工速度快、省工、省料、技术简单、便于操作等特点，可按工程要求制成各种形状，灌注时柔性好，成型后紧贴地面，适用于各种复杂地形。模袋混凝土已广泛应用于内河航道护坡，船闸引航道护坡、江河湖海堤防、护岸、护底工程，引水灌溉渠道护坡等[17]。

图 1-7 模袋混凝土浇筑现场

Fig.1-7 The scene of the mold-bag-concrete pouring

模袋混凝土在工程上的优势主要有以下几方面：由于模袋混凝土属于自密实混凝土，可以靠自身重力挤压成型，无须人工振捣且内部密实，所以在施工中机械化施工比例较大，加快施工速度，提高效率，缩短工期，减少人力物力消耗；模袋混凝土本身具有较好的地形适应能力，整体性能好，防风浪、抗冲刷，与普通混凝土相比耐久性得到很大提升，可以在水下直接施工，无须截流、停水；施工后较以往的工程美观、整齐度提高。

### 1.2.2 模袋混凝土国内外研究现状

普遍认为，模袋混凝土技术诞生于20世纪60年代末，来自荷兰的Henry Helon提出将材质轻便而密实且透水不泌浆的尼龙织物上下两层叠放，并用钉子及垫圈将两层布固定在一起，随即灌注混凝土浆体，使混凝土（砂浆）依靠其自身重力充填成型，以此作为护坡结构[18]。最初，机织土工模袋技术由美国的结构技术公司垄断[19]。从20世纪80年代开始，伴随着高分子化工业、纺织业的快速发展，土工织物也随之发展，日本旭化株式会社根据美国建筑技术公司的发明（1960年专利），用高强度涤纶66型布制成了各种模袋（又称法布），土工模袋开始产业化，由此带动了模袋混凝土技术的快速应用。随后各国也研究出各种性能的织物，因此推进了模袋混凝土在土木工程上的广泛应用。模袋混凝土技术是现浇混凝土护坡、衬砌工程的一次革新，具有重大的经济意义。

最初，模袋混凝土多应用于水利工程中，1966年美国第一次将土工模袋运用在水利工程，于1969年加拿大多伦多竣工的航道护坡试验工程中第一次使用了模袋混凝土这一技术。随后法国、德国、日本、澳大利亚、比利时等发达国家也陆续开展模袋混凝土在工程应用中的研究[19][20]。

模袋混凝土技术在使用早期便由国外引进到中国，1974年，江苏省长江嘶马弯道护岸工程首次应用土工模袋混凝土。这是模袋混凝土技术在中国应用的初期阶段，这时土工模袋等纺织产业在我国还没有形成产业化，因此应用案例相对较少。1983年5月，江苏省交通厅请日本蝶理公司在我国江苏省泰兴市南官河巷道小面积施工试验成功，施工总面积694m$^2$。1985年初我国从日本进口了模袋和施工机器，在江苏省锡澄运河上大面积实施试验工程，施工总面积12000m$^2$。由于进口模袋增加了工程造价，江苏省组织交通厅和纺织厅对模袋技术予以攻克，1986年无锡市第一毛纺染织厂等3个厂家生产出各种型号的土工模袋，其性能与进口模袋相当。1987年5月在我国上海市淀浦河东船闸下游引航道护坡修复工程中，完全采用国产设备及模袋进行施工。这是我国模袋混凝土技术的巨大飞跃。

1983年吉林省水利科学研究所看到“法布”材质和资料，依据当时国家现状，意识到只有降低模袋造价、简化施工技术才能使模袋混凝土技术在小型水库、湖、河道护坡等工程推广。1984年由我国提出简易模袋，利用聚丙烯编织布缝制（模袋只做临时模板），这也是我国在模袋混凝土的基础上创新的结果。

20世纪80年代后期模袋混凝土技术已广泛应用于我国航道护坡、江河湖海堤防、护岸、引水灌溉渠道护坡、衬砌等工程中。到目前为止已有大量工程成功地运用模袋混凝土技术，如：京沪高速公路泊海连接线公路护坡[21]、大洼三角洲水库护坡工程[22]、唐山市滨海大道海上路基护坡[23]、浙江慈溪市徐家浦围涂工程[24]、西沙群岛模袋混凝土海提护坡[19]等。其中我国寒冷地区的模袋混凝土应用主要分布于东北三省，如黑龙江边境河防护[25]、嫩右省界堤防白沙滩险工护岸工程[26]等。如今，中国模袋混凝土的使用量及生产规模在世界上已名列前茅。

## 1.3 混凝土无损检测研究现状

### 1.3.1 混凝土无损检测概况

混凝土无损检测技术即在不损坏被检测建筑物结构未来使用性能的情况下，运用相关仪器，检测混凝土结构的一些物理量，并将其进行数字、图像化处理，借此可推算建筑工程中隐藏的缺陷（如裂缝、均匀性、内部损伤等）、强度及耐久性等指标。

无损检测技术具有随机性、无破坏性、实施起来省时、省力、成本低等优点，使其在现有工程结构的质量鉴定、加固改造、事故因素分析等问题上受到越来越广泛的关注与应用，使工程可靠程度具有可预见性。通常根据工程检测的目的不同将无损检测技术分为 3 类，包括对混凝土结构强度检测、对混凝土结构缺陷检测和对混凝土结构其他性能检测。根据检测原理把混凝土结构强度的无损检测方法细化为 3 类：非破损法、半破损法、综合法。 其中，非破损法包含超声法、回弹法等；半破损法包括钻芯法、拔出法等；综合法包括超声-回弹综合法、超声-钻芯综合法等。其优缺点见表 1-1。

表 1-1 混凝土结构强度无损检测方法的比较

Tab.1-1 The comparison of concrete structure strength NDT methods

| 分类 | 方法 | 测试量 | 优势 | 劣势 |
|---|---|---|---|---|
| 非破损法 | 超声法 | 波速、声时<br>波形、频谱 | 可反复测试待检构件的同一个部位，且不受构件尺寸及形状的限制 | 受到较多因素影响 |
| | 回弹法 | 回弹值 | 操作便捷，费用低廉，检测效率高，灵活度高，适用于施工现场随机、大批量的混凝土强度检测 | 精度相对较差，只适用于混凝土表面强度的检测 |
| 半破损法 | 钻芯法 | 芯样抗压强度值 | 操作简便，检测结果直观、精度较高 | 钻取成本高，取芯后需要修补，会对结构局部造成损伤 |

续表

| 分类 | 方法 | 测试量 | 优势 | 劣势 |
|---|---|---|---|---|
| 半破损法 | 拔出法 | 拔出力 | 比钻芯法破损小且费用低，随机性强 | 对测试人员的检测水平要求较高，会受到人为施力时加载速度的影响 |
| 综合法 | 超声-回弹综合法 | 波速值与回弹值 | 减少了龄期和含水率的影响，弥补单一检测的不足，提高测试精度 | 强度判别式较难建立 |
| | 超声-钻芯综合法 | 波速值与芯样抗压强度值 | | |

混凝土结构强度无损检测技术和以往常用的标准试件检测相比具有许多特点：①不破损或未破损被检建筑结构，不影响建筑物的正常使用和其应具备的性能，与此同时操作便捷省时；②可以反复、随机检测，测试结果具有较强可比性；③可将仪器直接作用在被检结构上操作，得到的数据能较真实、可靠地反映被检结构的质量；④随着技术的发展，无须接触即可检测的技术也逐渐成熟 ，如红外线成像法等；⑤可以比破坏结构获得更多的信息，比如结构外部的冻害、烧伤等损伤或结构内部的均匀性、空隙情况、裂缝问题等；⑥既可以应用于新建工程，也可以应用于服役数年或数十年的建筑上。

### 1.3.2 混凝土无损检测研究现状

混凝土结构的无损检测（包含局部破损）技术主要是针对现役建筑结构质量的鉴定与加固改造应运而生。这类技术首先在国外提出、发展并应用起来，从 20 世纪 30 年代起，首先出现了表面压痕法。1935 年，G.Grimet、J.M.Ide 用共振法来测量混凝土弹性模量；1948 年，E.Schmid 研发了回弹仪；1949 年，加拿大的 Leslie、Cheesman 与英国的 R.Johns 首次将超声法运用到混凝土上并取得成功；60 年代苏联的 I.Faacoaru 将超声法与回弹法结合起来，也形成了后来所说的综合法。随着无损检测的快速发展，引起了各国人的关注与参与，直到各种局部破损技术的提出和使用，混凝土强度无损检测技术也逐步趋于完整。

伴随着各种关于混凝土无损检测技术国际化标准的诞生，预示着混凝土结构无损检测技术已日趋成熟、规范，如美国的材料与试验协会在 1983 年颁布的《混凝土超声脉冲速度标准试验方法》（C597－83）、1985年的《硬化混凝土回弹标准法》（C805－85）等。从20世纪80年代开始，无损检测技术、检测设备以及适用范围也在推陈出新。在无损检测方法上陆续推出了雷达扫描法、超声脉冲回波法、共振频率法、红外线成像法、声发射技术等20余种，其适用范围向着高强混凝土的检测方向发展，也开始着眼于被检结构的内部损伤情况。此外，国际上这一领域中的专家、学者组织成立了学术团体便于交流、研讨。苏联曾多次举办过关于“混凝土、钢筋混凝土结构无损检测”的会议，并与欧洲国家成立了委员会，1984年加拿大组织举办了“混凝土无损及现场检测国际研讨会”并出版论文集。无损检测技术在国际上的研究与发展可谓是突飞猛进，成为建筑结构检测领域中的热门话题。

20世纪50年代我国由苏联、瑞士、德国、英国等发达国家引进超声波探伤仪、回弹仪后开始逐渐接触无损检测技术。60年代初我国开始展开研制与生产回弹仪、超声仪的工作，各种型号的无损检测仪器的大量生产与应用推进了我国在这个陌生领域的开拓。70年代我国已可以自主攻克混凝土无损检测领域的一些难题，初步形成了符合本国情况的体系。

20世纪80年代我国也开始将无损检测技术标准化，陆续制定了《超声回弹综合法检测混凝土强度技术规程》（CECS 02:88）、《钻芯法检测混凝土强度技术规程》（CECS 03:88）、《后装拔出法检测混凝土强度技术规程》（CECS 69:94）、《超声法检测混凝土缺陷技术规程》（CECS 21:2000）、《回弹法检测混凝土抗压强度技术规程》（JGJ/T 23－2001）、《建筑结构检测技术标准》（GB/T 50344－2004）等技术规程、国家标准。其中《超声回弹综合法检测混凝土强度技术规程》（CECS 02:2005）、《钻芯法检测混凝土强度技术规程》（CECS 03:2007）、《拔出法检测混凝土强度技术规程》（CECS 69:2011）、《回弹法检测混凝土抗压强度技术规程》（JGJ/T 23－2011）分别于2005年、2007年、2011年对其部分内容进行重新修订，说明无损检测技术在我国建筑结构检测领域正快速地发展并大量应用于实际工程当中。

中国无损检测行业首次参加国际学术活动是在1976年8月，中国机械工程学会组团参加在法国戛纳召开的第八届世界无损检测会议。1977年当时时任机械工业部科技司司长陶亨咸提出“要尽快成立无损检测学会，这是中国工业发展的需要”。随后于 1978 年 11 月在上海召开了无损检测年会并同时宣告学会成立，命名为“中国机械工程学会无损检测分会”（the Chinese Society of NDT，CHSNDT）。这为我国无损检测技术的国内、外交流提供了良好的平台。

进入 21 世纪我国无损检测技术正处于方兴未艾的大发展时期，正在向仪器更精密，检测方法更科学、简便、规范，检测技术信息化的方向努力。

## 1.4 模袋混凝土抗冻耐久性研究现状

我国从 20 世纪 60 年代开始渠道衬砌防渗工程规模建设，其主要形式为混凝土衬砌渠道。北方寒冷地区的混凝土易发生冻胀破坏[27]，不仅直接影响渠道的正常使用，而且增加了日常管理难度、产生了额外的运行维修费用。故在寒区节水农业技术的发展上，要想提高渠系水利用率，就必须正视渠道冻胀破坏问题。

近年来，混凝土冻融破坏的研究引起了国内外大多数混凝土学者和工程技术人员的高度重视，也开展了大量研究工作。其中对北方地区水工混凝土的抗冻性研究也取得了重要进展。

界内普遍认为，混凝土遭受冻破坏主要有两种形式，一种是混凝土的外表面被破坏而产生剥落；另一种是混凝土的内部产生裂纹并逐渐扩展破坏。由于混凝土的外表层存在大量微小孔隙，很容易在外界的含水环境中吸收水分，从而引起外表层的开裂、剥落；混凝土内部如果存在过大的空隙，亦会因孔隙的吸水而导致混凝土内部的破坏[28]。

多位专家学者的大量研究均表明混凝土冻融破坏，是混凝土在含水或者与水接触的长期过程中，受到温度的正负交替作用影响而表现出的一种由表及里的破坏现象，根据这一现象，提出了多种假说[28]。

一般来说，存在某一“冻结温度”，在这一温度下，混凝土内部存在结冰与过冷两种状态的水，水结冰以后，体积发生膨胀，而过冷的水则发生迁移，在混凝土外表面形成温度差，从而产生拉应力。当混凝土所受的力超过其强度极限时，将产生裂缝，并逐渐扩散、连通，从而造成混凝土的破坏。由此可见，混凝土的破坏会在具备以下两个条件时发生：一是外部环境有水，另一个是所处的环境存在温度正负交替的现象，并且低温应该达到这一“冻结温度”，在同时满足以上两个条件的情况下，混凝土就会发生冻胀破坏[28]。

随着对冻融破坏的不断重视与深入研究，在很大程度上对混凝土的抗冻耐久性能研究及其保护措施等方面起到了指导、推动作用，科研人员根据抗冻性的机理、特点，提出了严格控制水灰比、使用矿物掺合料、添加外加剂等多种方法来提高混凝土的抗冻性，对混凝土抗冻性能的提高起到了一定的效果，然而，虽然提出了各种措施来提高混凝土的抗冻性，但这些措施只是对混凝土的冻融破坏在一定程度上有所减缓，却并不能从根本上消除掉[29]。

## 1.5 模袋混凝土冻融损伤机理

混凝土在冻融破坏过程中具有特殊的复杂性和不确定性，时至今日，对其机理的研究还不够透彻，没有一套公认的机理、理论可以全面深入地反映混凝土的冻融损伤机理，但仍存在不少著名的机理、假说。例如：静水压理论、渗透压理论、吸附水理论、临界饱水程度理论、双机制理论以及微冰晶透镜模型理论等。

说服力较强的有 Powers 提出的静水压假说理论，及其与 Helmuth 共同提出的渗透压假说理论，以上理论指出，对于高水灰比、低龄期的混凝土，静水压对其破坏起主导作用；相反，高强度、低水灰比以及处于高盐浓度的外部环境条件下的混凝土，则主要受渗透压的作用[29]。

在受冻条件下，饱水状态的混凝土受到膨胀压与渗透压两种力的作用，当力增大到一定程度时，混凝土的抗拉强度达到极限状态，从而混凝土开裂破坏。随着冻融状态的持续，混凝土结构中的裂缝，随着水分的不断进入，逐渐相互连通，导致混凝土强度降低，甚至直接破坏，这一假说对混凝土抗冻耐久性研究在很大程度上起到了推动作用[29][30]。

混凝土的孔结构对其冻融性能的影响至关重要，混凝土结构内部的多孔性和渗透性对于其耐久性能，尤其是抗冻性能，在很大程度上起决定作用。在实际工程中，混凝土的拌和、水泥的水化以及在其凝结硬化过程中，难免不会产生孔隙，根据不同的产生原因和条件，所形成孔隙的尺寸、数量、分布等均有所不同，混凝土孔隙分布及其成因见表 1-2。

表 1-2　混凝土孔隙分布及其成因

Tab.1-2　Pore distribution and reasons of concrete

| 序号 | 孔隙类型 | 主要形成原因 | 典型尺寸（μm） | 占总体积（%） |
|---|---|---|---|---|
| 1 | 凝胶孔 | 水泥水化的化学收缩 | 0.03~3 | 0.5~10 |
| 2 | 毛细孔 | 水分蒸发遗留 | 1~50 | 10~15 |
| 3 | 内泌水孔 | 骨料周界离析 | 10~100 | 0.1~1 |
| 4 | 水平裂缝 | 分层离析 | （0.1~1）$\times 10^3$ | 1~2 |
| 5 | 气孔 | 引气剂专门引入 | 5~25 | 3~10 |
|  |  | 搅拌时引入 | （0.1~5）$\times 10^3$ | 1~3 |
| 6 | 微裂缝 | 收缩 | （1~5）$\times 10^3$ | 0~0.1 |
|  |  | 温度变化 | （1~20）$\times 10^3$ | 0~1 |
| 7 | 大空洞和缺陷 | 漏振、捣不实 | （1~500）$\times 10^3$ | 0~5 |

其中凝胶孔因其尺寸过小，且孔多为封闭状态，属于无害孔；毛细孔不仅占比重比较大而且多为开放孔，是混凝土冻融破坏的主要内因之一，属于有害孔；此外，还存在一种非毛细孔，一般包括：在混凝土拌和过程中产生的气孔、人工添加引气剂所产生的孔以及由于操作不当而产生的较大孔的和缝隙等。

## 1.6　本书的主要研究内容

本书首先针对模袋混凝土渠道衬砌技术在内蒙古河套灌区推广应用中存在的问题开展研究，选取河套灌区不同灌域具有代表性的几个灌渠，在现役模袋混凝土原有配合比的基础上，进行配合比优化设计，再选出具有代表性的配合比进行力学性能试验和抗冻性能试验并进行机理分析。主要研究内容如下：

（1）根据内蒙古河套灌区不同灌域的原材料特点，选取磴口、临河、五原、前旗作为试验地点，首先前往各试验点取回所需试验原材料，对各试验点的原材料（水泥、石子、砂子、粉煤灰、水）进行检测，确定其能否满足相关规范对原材料的要求，为下一步模袋混凝土配合比的优化设计提供物质基础。

（2）根据模袋混凝土的特点，参照相关规范以及现役模袋混凝土配合比，分析现役模袋混凝土抗冻性不足的原因，添加引气剂，增大混凝土的含气量，对模袋混凝土的配合比进行优化设计。

（3）确定基准配合比之后，利用粉煤灰“内掺法”替代不同比例的水泥，研究 5 种不同粉煤灰掺量对模袋混凝土力学性能的影响规律。

（4）采用“快冻法”，以质量损失率和相对动弹性模量作为评价指标，研究 5 种不同粉煤灰掺量对模袋混凝土抗冻性的影响规律，对比分析两个指标的规律异同。

（5）通过观察冻融试件表面损伤和剥落情况，利用孔结构分析仪分析混凝土内部的孔结构特征，研究模袋混凝土在冻融循环作用下的内部损伤规律，结合冻融试验结果，探讨模袋混凝土的抗冻耐久性机理。

其次，针对北方寒区衬砌渠道现役模袋混凝土的研究内容主要涉及现役模袋混凝土的基本力学性能与抗冻性能研究及预测，其中：力学性能是对实际工程的不同标段现役模袋混凝土进行钻芯取样测定；抗冻性能主要是通过冻融后芯样试件的质量损失率、相对动弹性模量来体现。另外，借助扫描电镜对模袋混凝土的微观结构进行分析，最后运用 MATLAB 语言编程对模袋混凝土的抗压强度及抗冻指标进行预测研究。具体试验内容如下：

（1）现役模袋混凝土检测试件均取自内蒙古河套灌区现役模袋混凝土衬砌渠道，因此在确定试验方案前，先参考大量关于现役工程检测及模袋混凝土的国内外研究文献，全方面了解其检测方法及推算法则，然后对模袋混凝土芯样试件进行抗压强度测试，利用格拉布斯检验法、t 检验法对推算结果进行比较，通过配合比对各组进行分析，对应力-应变关系进行分析并建立本构方程。最后通过扫描电镜分析试件的微观结构，对宏观结论加以验证，并对模袋混凝土力学性能机理进行研究。

（2）研究现役模袋混凝土渠道的抗冻性能，首先对芯样试件进行冻融循环试验，使用快速冻融法，用芯样试件的质量损失率和相对动弹性模量作为评价冻融性能的指标，并用 SEM 扫描电镜对其微观结构进行分析，探讨模袋混凝土抗冻性机理。

（3）最后运用 MATLAB 语言中的 BP、RBF 两种神经网络进行编程建立模型，对模袋混凝土芯样强度及抗冻性预测，同时分析不同因素（水胶比、试件尺寸、龄期、砂率、水泥用量、重量等）对预测结果的影响，从而可以得出对模袋混凝土强度及抗冻性影响的因素，并分析使模袋混凝土形成差异的原因。

# 第 2 章　研究概况与试验方法

## 2.1　工程项目概况

内蒙古河套灌区是中国设计灌溉面积最大的灌区，早年间由于灌区缺乏全盘规划，渠系紊乱，水不进渠，汛期泛滥成灾。20 世纪 50 年代以来，修建了三盛公水利枢纽，健全了排灌系统，又修筑了黄河防洪大堤，同时开展农田基本建设，营造防护林，扩大灌排面积，逐步形成草原化荒漠中的绿洲。面对黄河水资源日益紧缺、用水高峰难错的严峻形势，从 2005 年开始，河套灌区建设进入以节水改造为目的的新阶段，灌区逐步进行节水改造工程，其主要内容为渠道衬砌防渗改造及建筑物配套工程。近些年，因模袋混凝土具有整体性好、施工简便快速等特点被大面积推广，河套灌区节水改造工程将其作为一种新型现浇混凝土技术运用到灌区渠道衬砌中。本书所研究的模袋混凝土涉及河套灌区的三个不同灌域：

1. *内蒙古河套灌区沈乌灌域*

河套灌区沈乌灌域控制范围渠系工程是内蒙古黄河干流水权盟市间转让实施项目中的一期工程，该工程建设任务是一干渠的建设一、二、三、四分干、东风分干及田间工程的渠道防渗衬砌改造及建筑物配套工程，建设内容是斗以上渠道衬砌，总共 693 条，合计总长度 1390.65km，新建各类渠系建筑物 9015 座。从 2005 年开始，灌区逐步进行节水改造工程，其主要内容为渠道衬砌防渗改造及建筑物配套工程。从 2005 年起截至 2014 年 5 月，沈乌灌域的一干渠、总干渠、丰济渠、沙河渠和南边分干渠 5 处（图 2-1）的模袋混凝土衬渠已浇筑完成并投入使用。

2. *内蒙古河套灌区乌兰布和灌域*

内蒙古黄河干流水权盟市转让河套灌区乌兰布和灌域试点工程位于巴彦淖尔市河套灌区沈乌灌域（磴口县境内），建设任务是对河套乌兰布和灌域现有 87.166 万亩灌溉范围的灌溉工程实施节水改造，提高灌溉用水效率，将节余的黄河水权转让给相应的出资企业，解决新建工业项目的用水指标。节水改造主要建设内容是：第一，对灌域中控制范围斗以上渠道进行防渗衬砌改造及建筑物配套改造；第二，对灌溉运行管理设施、监测设施进行配套建设；第三，对田间灌水系统实施畦田改造田间配套建设；第四，对部分现状畦灌面积进行高效节水、灌水技术改造，建设滴灌系统。试点工程可研方案总投资为 18.65 亿元，安排工程工期为 36 个月，计划 3 年内完成。工程实施后，规划节水总量为 23489 万 $m^3$（其中渠道防渗衬砌 14704 万 $m^3$，畦田改造 6551 万 $m^3$ 和畦灌改为地下水滴灌 2234 万 $m^3$），计划转让水量 12000 万 $m^3$。

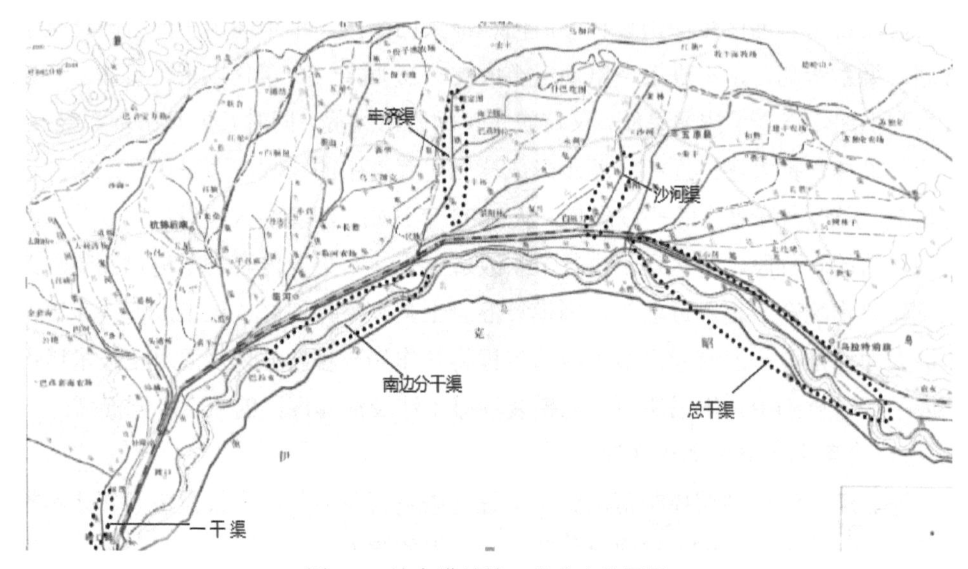


图 2-1　沈乌灌域施工段分布位置图

Fig.2-1　The location map of Shen Wu irrigation channels

工程分三批进行建设实施，第一批对一干渠上段 30.299km 渠段的渠道防渗衬砌及改建该渠段下级渠道进水闸 54 座，已于 2014 年完成。第二批对乌兰布和灌域一干上段，建设一分干、建设二分干三个系统的斗以上渠道进行防渗衬砌改造及建筑物配套，已于 2015 年开始进入施工，如图 2-2 所示，且建设一分干的五标、八标、九标、十标，建设二分干的试验段、十三标、十四标已衬砌完成。

3．内蒙古河套灌区乌拉特灌域

内蒙古黄河干流水权盟市转让河套灌区乌拉特灌域试点工程位于巴彦淖尔市乌拉特前旗境内，建设内容包括塔布三分干渠整治衬砌，三湖河五支渠渠道整治、八连专用渠渠道整治及一批桥涵口闸建设等项目，项目 2015 年元月份开工，同年全部完工；项目中的第一批节水改造项目塔布干渠 13.2km 全部使用模袋混凝土衬砌；五原义长灌域位于乌拉特灌域以西，其中什巴分干渠的模袋混凝土衬砌于 2015 年 6 月开始浇筑并于同年完工。塔布干渠及五原什巴分干渠位置见图 2-3 所示。

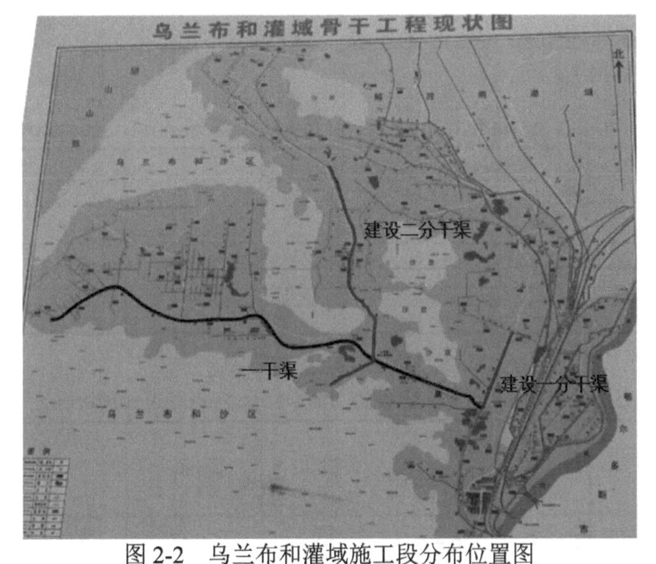


图 2-2　乌兰布和灌域施工段分布位置图
Fig.2-2　The location map of Ulan buh irrigation channels

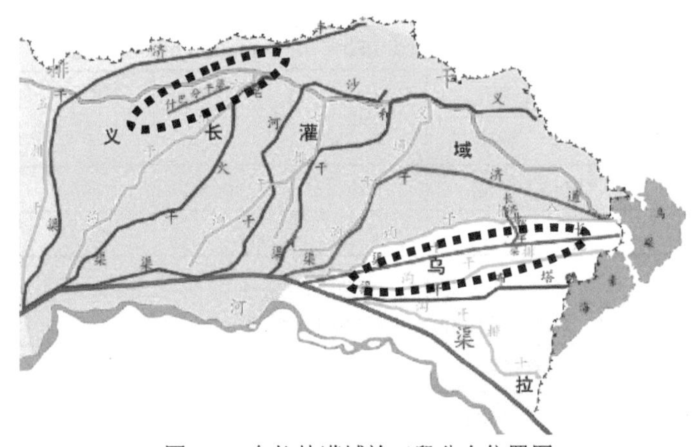


图 2-3　乌拉特灌域施工段分布位置图
Fig.2-3　The location map of Urat irrigation channels

## 2.2 试验配合比

### 2.2.1 沈乌灌域各标段混凝土配合比

沈乌灌域各标段混凝土配合比见表 2-1～表 2-6。

表 2-1 一干一标配合比

Tab.2-1 The first main canal the first section mixture ratio

| 材料名称 | 胶凝材料 | | 砂 | 石子 | 水 | 外加剂 |
|---|---|---|---|---|---|---|
| | 水泥 | 粉煤灰 | | | | |
| 材料用量（kg/m³） | 325 | 72 | 757 | 1007 | 195 | 4.0 |
| 配合比（质量比） | 1 | | 1.91 | 2.54 | 0.49 | 1.0% |

表 2-2 一干二标配合比

Tab.2-2 The first main canal the second section mixture ratio

| 材料名称 | 胶凝材料 | | 砂 | 石子 | 水 | 外加剂 |
|---|---|---|---|---|---|---|
| | 水泥 | 粉煤灰 | | | | |
| 材料用量（kg/m³） | 322 | 56.4 | 768 | 1027 | 188 | 4.76 |
| 配合比（质量比） | 1 | | 2.03 | 2.71 | 0.50 | 1.3% |

表 2-3 一干三标配合比

Tab.2-3 The first main canal the third section mixture ratio

| 材料名称 | 胶凝材料 | | 砂 | 石子 | 水 | 外加剂 |
|---|---|---|---|---|---|---|
| | 水泥 | 粉煤灰 | | | | |
| 材料用量（kg/m³） | 315 | 58 | 765 | 1025 | 190 | 9.6 |
| 配合比（质量比） | 1 | | 2.05 | 2.75 | 0.51 | 2.6% |

表 2-4 一干四标配合比

Tab.2-4 The first main canal the fourth section mixture ratio

| 材料名称 | 胶凝材料 | | 砂 | 石子 | 水 | 外加剂 |
|---|---|---|---|---|---|---|
| | 水泥 | 粉煤灰 | | | | |
| 材料用量（kg/m³） | 312 | 57 | 787 | 1045 | 189 | 9.6 |
| 配合比（质量比） | 1 | | 2.13 | 2.83 | 0.51 | 2.6% |

表 2-5　南边渠 2-3 闸配合比

Tab.2-5　South of the canal (2-3) mixture ratio

| 材料名称 | 胶凝材料 | | 砂 | 石子 | 水 | 外加剂 |
|---|---|---|---|---|---|---|
| | 水泥 | 粉煤灰 | | | | |
| 材料用量（kg/m³） | 323 | 68 | 806 | 1055 | 177 | 9.7 |
| 配合比（质量比） | 1 | | 2.06 | 2.70 | 0.45 | 2.5% |

表 2-6　南边渠 3-4 闸配合比

Tab.2-6　South of the canal (3-4) mixture ratio

| 材料名称 | 胶凝材料 | | 砂 | 石子 | 水 | 外加剂 |
|---|---|---|---|---|---|---|
| | 水泥 | 粉煤灰 | | | | |
| 材料用量（kg/m³） | 320 | 68 | 807 | 1093 | 178 | 9.7 |
| 配合比（质量比） | 1 | | 2.08 | 2.82 | 0.46 | 2.5% |

### 2.2.2　乌兰布和灌域各标段混凝土配合比

建设二分干与建设一分干各标段模袋混凝土配合比见表 2-7～表 2-13。

表 2-7　建设二分干试验段配合比

Tab.2-7　The test section of the second lateral canal mixture ratio

| 材料名称 | 胶凝材料 | | 砂 | 石子 | 水 | 外加剂 |
|---|---|---|---|---|---|---|
| | 水泥 | 粉煤灰 | | | | |
| 材料用量（kg/m³） | 290 | 80 | 1150 | 680 | 215 | 10 |
| 配合比（质量比） | 1.00 | | 1.91 | 1.84 | 0.58 | 2.7% |

表 2-8　建设二分干十三标配合比

Tab.2-8　The second lateral canal the thirteenth section mixture ratio

| 材料名称 | 胶凝材料 | | 砂 | 石子 | 水 | 外加剂 |
|---|---|---|---|---|---|---|
| | 水泥 | 粉煤灰 | | | | |
| 材料用量（kg/m³） | 320 | 50 | 1100 | 700 | 210 | 2.5 |
| 配合比（质量比） | 1 | | 2.97 | 1.89 | 0.57 | 0.6% |

表 2-9 建设二分干十四标配合比

Tab.2-9 The second lateral canal the fourteenth section mixture ratio

| 材料名称 | 胶凝材料 | | 砂 | 石子 | 水 | 外加剂 |
|---|---|---|---|---|---|---|
| | 水泥 | 粉煤灰 | | | | |
| 材料用量（kg/m$^3$） | 330 | 60 | 977 | 845 | 185 | 12 |
| 配合比（质量比） | 1 | | 2.51 | 2.17 | 0.47 | 3.1% |

表 2-10 建设一分干八标（永固）配合比

Tab.2-10 The first lateral canal the eighth section (Yong Gu) mixture ratio

| 材料名称 | 胶凝材料 | | 砂 | 石子 | 水 | 外加剂 |
|---|---|---|---|---|---|---|
| | 水泥 | 粉煤灰 | | | | |
| 材料用量（kg/m$^3$） | 310 | 35 | 1090 | 800 | 195 | 6.5 |
| 配合比（质量比） | 1 | | 3.16 | 2.32 | 0.56 | 1.9% |

表 2-11 建设一分干八标（济禹）配合比

Tab.2-11 The first lateral canal the eighth section (Ji Yu) mixture ratio

| 材料名称 | 胶凝材料 | | 砂 | 石子 | 水 | 外加剂 |
|---|---|---|---|---|---|---|
| | 水泥 | 粉煤灰 | | | | |
| 材料用量（kg/m$^3$） | 310 | 35 | 1180 | 710 | 190 | 6.5 |
| 配合比（质量比） | 1 | | 3.42 | 2.06 | 0.55 | 1.9% |

表 2-12 建设一分干九标（新禹）配合比

Tab.2-12 The first lateral canal the ninth section (Xin Yu) mixture ratio

| 材料名称 | 胶凝材料 | | 砂 | 石子 | 水 | 外加剂 |
|---|---|---|---|---|---|---|
| | 水泥 | 粉煤灰 | | | | |
| 材料用量（kg/m$^3$） | 320 | 50 | 1100 | 700 | 210 | 2.5 |
| 配合比（质量比） | 1 | | 2.97 | 1.89 | 0.57 | 0.6% |

表 2-13 建设一分干十标（济禹）配合比

Tab.2-13 The first lateral canal the tenth section (Ji Yu) mixture ratio

| 材料名称 | 胶凝材料 | | 砂 | 石子 | 水 | 外加剂 |
|---|---|---|---|---|---|---|
| | 水泥 | 粉煤灰 | | | | |
| 材料用量（kg/m$^3$） | 310 | 35 | 1180 | 710 | 190 | 6.5 |
| 配合比（质量比） | 1 | | 3.42 | 2.06 | 0.55 | 1.9% |

### 2.2.3　乌拉特灌域各标段混凝土配合比

塔布干渠与五原什巴分干渠各标段模袋混凝土配合比见表 2-14～表 2-18。

表 2-14　塔布水建公司配合比
Tab.2-14　The Tarbes canal（Shui Jian company）mixture ratio

| 材料名称 | 胶凝材料 | | 砂 | 石子 | 水 | 外加剂 |
|---|---|---|---|---|---|---|
| | 水泥 | 粉煤灰 | | | | |
| 材料用量（$kg/m^3$） | 315 | 98 | 1014 | 672 | 168 | 12.4 |
| 配合比（质量比） | 1 | | 2.46 | 1.63 | 0.41 | 3.0% |

表 2-15　塔布河源配合比
Tab.2-15　The Tarbes canal（He Yuan company）mixture ratio

| 材料名称 | 胶凝材料 | | 砂 | 石子 | 水 | 外加剂 |
|---|---|---|---|---|---|---|
| | 水泥 | 粉煤灰 | | | | |
| 材料用量（$kg/m^3$） | 288 | 145 | 1164 | 572 | 195 | 7.8 |
| 配合比（质量比） | 1 | | 2.69 | 1.32 | 0.45 | 1.8% |

表 2-16　塔布济禹配合比
Tab.2-16　The Tarbes canal（Ji Yu company）mixture ratio

| 材料名称 | 胶凝材料 | | 砂 | 石子 | 水 | 外加剂 |
|---|---|---|---|---|---|---|
| | 水泥 | 粉煤灰 | | | | |
| 材料用量（$kg/m^3$） | 336 | 74 | 844 | 886 | 205 | 10.3 |
| 配合比（质量比） | 1 | | 2.06 | 2.16 | 0.5 | 2.5% |

表 2-17　塔布新禹配合比
Tab.2-17　The Tarbes canal（Xin Yu company）mixture ratio

| 材料名称 | 胶凝材料 | | 砂 | 石子 | 水 | 外加剂 |
|---|---|---|---|---|---|---|
| | 水泥 | 粉煤灰 | | | | |
| 材料用量（$kg/m^3$） | 300 | 85 | 1246 | 570 | 165 | 13 |
| 配合比（质量比） | 1 | | 3.24 | 1.48 | 0.43 | 3.4% |

表 2-18 五原什巴分干渠配合比

Tab.2-18 WuYuan ShiBa main canal mixture ratio

| 材料名称 | 胶凝材料 | | 砂 | 石子 | 水 | 外加剂 |
|---|---|---|---|---|---|---|
| | 水泥 | 粉煤灰 | | | | |
| 材料用量（kg/m³） | 283 | 80 | 1128 | 690 | 183 | 15 |
| 配合比（质量比） | 1 | | 3.11 | 1.90 | 0.50 | 4.1% |

## 2.3 研究方案

本书首先针对模袋混凝土渠道衬砌技术在内蒙古河套灌区推广应用中存在的问题，通过对相关文献的查询整理，系统开展模袋混凝土室内外配合比试验研究，并对比现役模袋混凝土的衬砌渠道，结合本试验的研究目的与内容，制订出内蒙古河套灌区模袋混凝土的配合比优化设计及耐久性的试验研究方案，技术路线如图 2-4 所示。

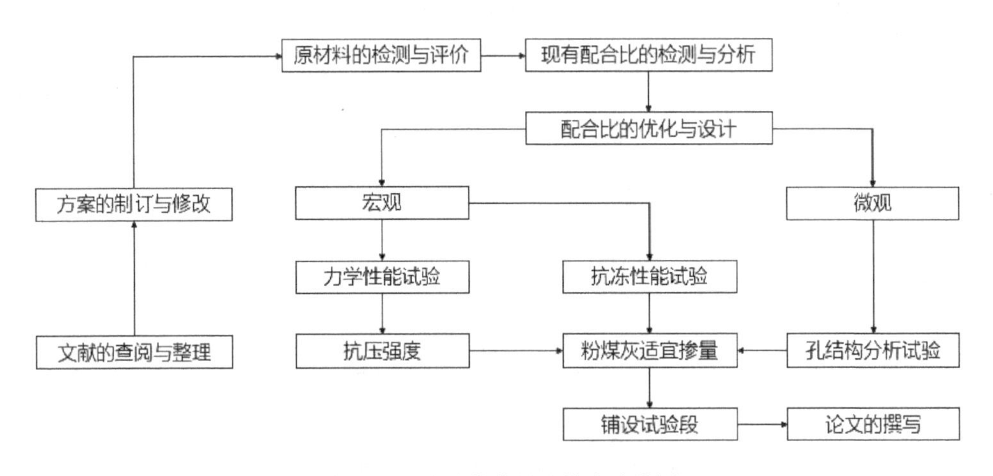


图 2-4 配合比优化设计技术路线图

Fig.2-4 Test plan roadmap of mix proportion optimum design

针对北方寒区渠道现役模袋混凝土的研究内容主要涉及现役模袋混凝土的力学性能与抗冻性能研究及预测，技术路线图如图 2-5 所示。

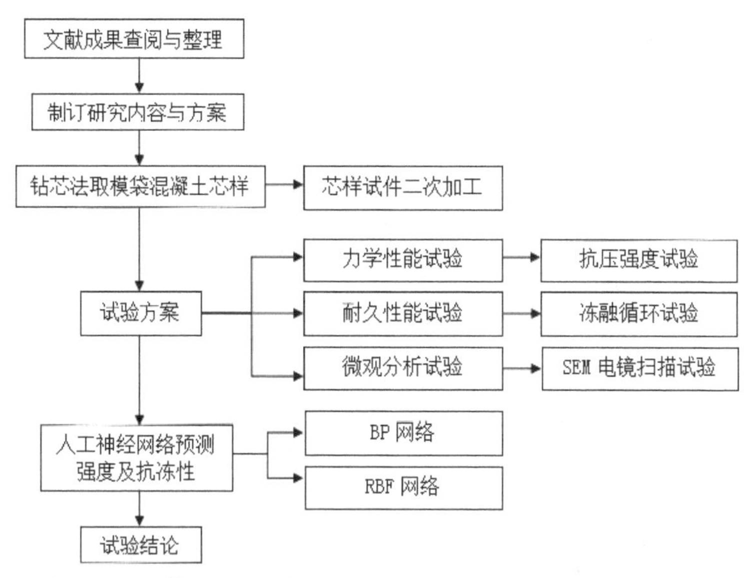


图 2-5　现役模袋混凝土力学性能与抗冻性能研究及预测技术路线图

Fig.2-5　Test plan roadmap of detection evaluation and prediction for strength and frost resistance

# 2.4　现役模袋混凝土芯样制取及加工方案

## 2.4.1　芯样制取目的及依据

虽然模袋混凝土在河套灌区渠道衬砌中已大面积应用，并已初步总结出一套适用于河套灌区渠道衬砌的模袋混凝土施工技术方案，制定了初步的施工技术要求和质量控制要点。但是，针对河套灌区的地域和气候特点，有关模袋混凝土在河套灌区的适应性等相关研究尚未开展，相关已有的技术方案缺乏理论支持，现役模袋混凝土衬砌渠道的力学性能和耐久性缺乏系统与合理的评价。如不能解决这些实际存在的问题，将会对模袋混凝土在河套灌区的推广应用产生严重阻碍，模袋混凝土衬砌渠道的质量和工程造价难以控制，模袋混凝土对河套灌区渠道的影响难以鉴定和评估。因此，迫切需要针对已衬砌模袋混凝土渠道进行系统的质量检验检测，科学评定其力学性能和耐久性，对其在河套灌区渠道衬砌中的适应性作出综合评价。这对模袋混凝土在河套地区乃至北方寒区的推广应用有着十分重要的意义。

钻芯法检测混凝土强度是近年来国外推行较广的一种半破损检测结构中混凝土强度的有效方法，当出现下列情况时需采用钻芯法对混凝土的强度进行检测推定[45]：

（1）试块抗压强度的测试结果有怀疑时。

（2）因材料、施工或养护不良而人为发生混凝土质量问题时。

（3）混凝土遭受冻害、火灾、化学侵蚀或其他损害时。

（4）需检测经多年使用的建筑结构或构筑物中混凝土强度时。

（5）根据钻得的芯样，进行抗压强度试验，然后再进行芯样混凝土强度计算。

检测依据标准及代号：

（1）《钻芯法检测混凝土强度技术规程》（CECS 03:2007）。

（2）《普通混凝土力学性能试验方法》（GB/T 50081－2002）。

（3）《数据的统计处理和解释 正态样本离群值的判断和处理》（GB/T 4883－2008）。

### 2.4.2 芯样钻取步骤

依据《钻芯法检测混凝土强度技术规程》（CECS 03:2007）于 2014 年 8 月开始内蒙古农业大学工程结构与材料研究所对模袋混凝土进行钻芯检测。河套灌区渠道模袋混凝土的检测芯样利用 HZ-15 混凝土钻孔取芯机。

芯样钻取是检测步骤中重要的一环，芯样钻取好坏直接影响到检测的结果，如果钻取出芯样不符合要求，将导致本组数据无效，无法进行统计，影响检测进程。对芯样进行钻取时，应按下列步骤进行：

（1）钻芯机应安放平稳，以便工作时不致产生位置偏移，在固定钻机过程中，采用膨胀螺栓。应特别注意钻芯机固定牢固，否则钻机就容易发生晃动和位移，这不仅影响钻芯机的使用寿命，而且很容易发生芯样折断或卡钻等事故。

（2）在钻芯机未安装钻头之前，应先通电检查主轴旋转方向，当旋转方向为顺时针时，可安装钻头。否则，方向相反则容易把钻头甩掉而造成事故。

（3）钻芯机接通水源、电源后，拨动变速钮到所需转速，正向转动操作手柄使钻头慢慢接触混凝土表面，待钻头刃部入槽挖空后方可加压。进钻到预定深度后，反向转动操作手柄，将钻头提升到接近混凝土表面，然后停水停电。

（4）在钻芯时，应注意将用于冷却钻头和排除混凝土料屑的冷却水流量控制在 3～5L/min，这样做的目的是防止金刚石钻头烧损，并使混凝土碎屑能及时排除，使之不会因此而影响进钻速度和芯样表面质量。

（5）在本试验取芯时，对所取芯样做好一一对应记录，取芯后，用湿布擦拭芯样，然后给芯样对应编号，以免混淆。钻取芯样后的孔洞利用现场自拌的水泥砂浆进行填补修护，以确保结构的工作性能与美观性。

### 2.4.3　各灌域现役模袋混凝土取芯方案

1．沈乌灌域各标段取芯方案

内蒙古农业大学工程结构与材料研究所受巴彦淖尔市黄河水权收储转让工程建设管理处委托，于 2014 年 8 月 24－29 日对内蒙古河套灌区渠道沈乌灌域现役模袋混凝土进行钻芯检测。取芯具体地点为：一干渠（一、二、三、四标段）、总干渠（2010－2013 年）、丰济渠、沙河渠和南边分干渠（2-3 闸、3-4 闸）等 5 处 13 个点的模袋混凝土衬砌，每个点取芯 18 块。沈乌灌域合计取芯数量：13×(15+3)=234 块，其中，每个点用于力学性能检测试件 15 块，用于抗冻性检测试件 3 块。混凝土设计标号 C20、C25，各处卵石最大粒径从 40～16mm 不等。沈乌灌域各标段模袋混凝土取芯现场、补洞情况如图 2-6 所示，各标段模袋混凝土衬砌渠道如图 2-7 所示，取样地点、时间见表 2-19。

2．乌兰布和灌域各标段取芯方案

内蒙古农业大学工程结构与材料研究所受巴彦淖尔市黄河水权收储转让工程建设管理处委托，于 2015 年 5 月 30 日－6 月 9 日对内蒙古河套灌区乌兰布和灌域现役模袋混凝土进行钻芯检测。取芯具体地点为：建设二分干试验段、建设二分干十三标、建设二分干十四标、建设一分干八标、建设一分干九标、建设一分干十标等 6 处 7 个点的模袋混凝土衬砌，每个点取芯 158 块。沈乌灌域合计取芯数量：7×(12+3)=105 块，其中，每个点用于力学性能检测试件 12 块，用于抗冻性检测试件 3 块。混凝土钻芯机及芯样如图 2-8 所示，建设一、二分干各标段模袋混凝土衬砌渠道如图 2-9 所示，取样地点、时间见表 2-20。

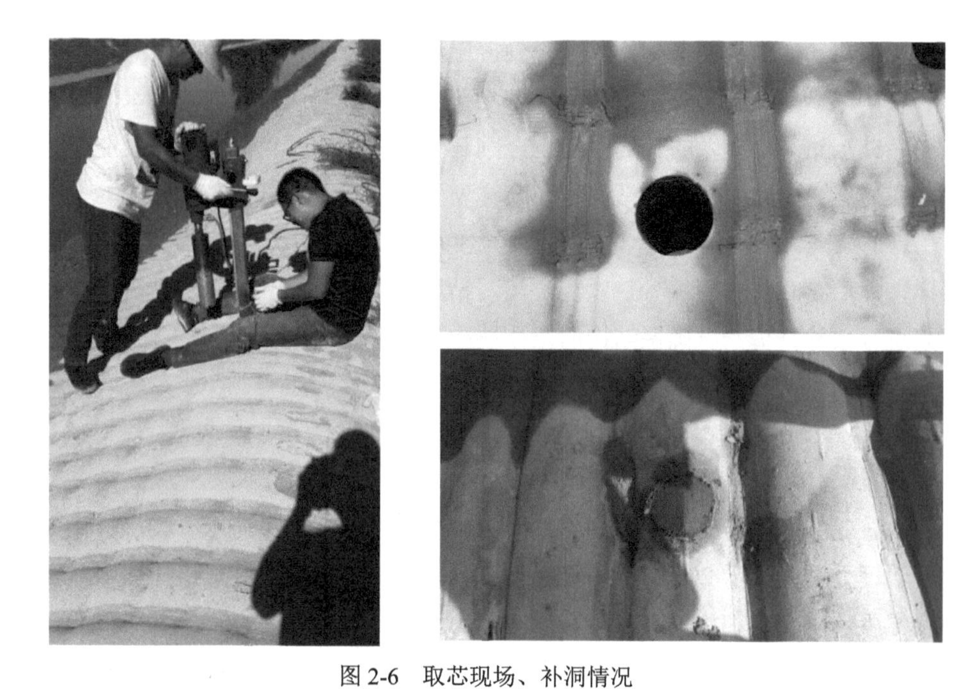

图 2-6　取芯现场、补洞情况

Fig.2-6　Drill sample and protective measure

（a）一干渠　（b）南边 3-4 闸　（c）总干渠　（d）丰济渠

图 2-7　各标段模袋混凝土衬砌渠道

Fig.2-7　The service mold-bag-concrete lining canal of each job location

（e）研究团队野外取岩心

图 2-7　各标段模袋混凝土衬砌渠道（续图）

Fig.2-7　The service mold-bag-concrete lining canal of each job location

表 2-19　各施工段取样地点、时间

Tab.2-19　The sampling place and time of each job location

| 序号 | 地点 | 取芯时间 | 仪器 |
|---|---|---|---|
| 1 | 沙河渠 | 2014.08.26 | HZ-15 混凝土钻孔取芯机 |
| 2 | 丰济渠 | 2014.08.26 | |
| 3 | 总干渠 2010 | 2014.08.28 | |
| 4 | 总干渠 2011 | 2014.08.29 | |
| 5 | 总干渠 2012 | 2014.08.29 | |
| 6 | 总干渠 2013 | 2014.08.29 | |
| 7 | 一干渠一标段 | 2014.08.27 | |
| 8 | 一干渠二标段 | 2014.08.27 | |
| 9 | 一干渠三标段 | 2014.08.27 | |
| 10 | 一干渠四标段 | 2014.08.27 | |
| 11 | 南边渠 2-3 闸阴 | 2014.08.25 | |
| 12 | 南边渠 3-4 闸阳 | 2014.08.24 | |
| 13 | 南边渠 3-4 闸阴 | 2014.08.25 | |

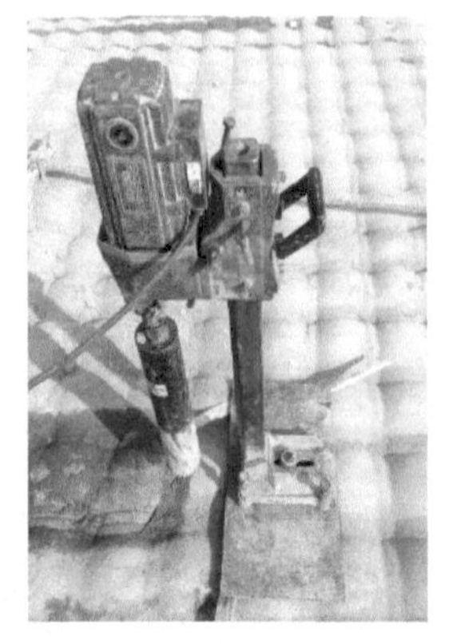

图 2-8 钻芯取样仪器及芯样

Fig.2-8 The specimen and instrument

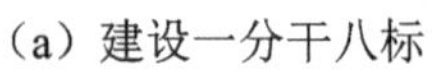
（a）建设一分干八标

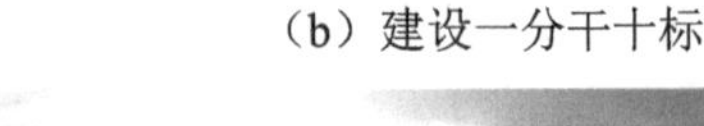
（b）建设一分干十标

（c）建设二分干试验段　（d）建设二分干十三标　（e）建设二分干十四段

图 2-9 各施工段模袋混凝土衬砌渠道

Fig.2-9 The service mold-bag-concrete lining canal of each job location

表 2-20　各施工段取样地点、时间

Tab.2-20　The sampling place and time of each job location

| 序号 | 地点 | 浇筑时间 | 取芯时间 | 仪器 |
|---|---|---|---|---|
| 1 | 建设二分干试验段 | 2015.04.14 | 2015.06.03 | HZ-15 混凝土钻孔取芯机 |
| 2 | 建设二分干十三标（23+074 左岸） | 2015.04.16 | 2015.06.03 | |
| 3 | 建设二分干十四标（26+674） | 2015.04.18 | 2015.06.04 | |
| 4 | 建设一分干八标（永固 K3+196） | 2015.04.18 | 2015.05.31 | |
| 5 | 建设一分干八标（济禹 K3+400） | 2015.04.15 | 2015.06.01 | |
| 6 | 建设一分干九标（新禹 K5+300） | 2015.04.17 | 2015.06.01 | |
| 7 | 建设一分干十标（济禹 K7+025） | 2015.04.12 | 2015.06.02 | |

3. 乌拉特灌域各标段取芯方案

内蒙古农业大学工程结构与材料研究所受巴彦淖尔市黄河水权收储转让工程建设管理处委托，于 2015 年 6 月 14 日—23 日对内蒙古河套灌区乌拉特灌域现役模袋混凝土进行钻芯检测。取芯具体地点为：塔布干渠（水建公司段）、塔布干渠（河源公司段）、塔布干渠（济禹公司段）、塔布干渠（新禹公司段）、什巴分干渠（新禹公司段）等 5 处模袋混凝土衬砌渠道，每个点取芯 18 块。沈乌灌域合计取芯数量：5×(15+3)=90 块，其中，每个点用于力学性能检测试件 15 块，用于抗冻性检测试件 3 块。各处模袋混凝土衬砌渠道如图 2-10 所示，取样地点、时间见表 2-21。

表 2-21　各施工段取样地点、时间

Tab.2-21　The sampling place and time of each job location

| 序号 | 地点 | 浇筑时间 | 取芯时间 | 仪器 |
|---|---|---|---|---|
| 1 | 塔布干渠（水建公司段） | 2015.06.14 | 2015.07.16 | HZ-15 混凝土钻孔取芯机 |
| 2 | 塔布干渠（河源公司段） | 2015.06.16 | 2015.07.16 | |
| 3 | 塔布干渠（济禹公司段） | 2015.06.23 | 2015.07.18 | |
| 4 | 塔布干渠（新禹公司段） | 2015.06.07 | 2015.07.18 | |
| 5 | 什巴分干渠（新禹公司段） | 2015.06.18 | 2015.07.19 | |

（a）水建公司施工段　（b）塔布河源施工段

（c）塔布济禹施工段　（d）塔布新禹施工段　（e）什巴分干渠施工段

图 2-10　各施工段模袋混凝土衬砌渠道

Fig.2-10　The service mold-bag-concrete lining canal of each job location

## 2.5　河套灌区现役模袋混凝土取芯及加工情况汇总

本书中模袋混凝土芯样试件分别从沈乌灌域、乌兰布和灌域、乌拉特灌域三处的衬砌渠道上钻取，具体情况见表 2-22。工程中使用的主要工具是 HZ-15 混凝土钻孔取芯机和人造金刚石薄壁钻头。首先把钻机固定于被测混凝土渠道表面，由于衬渠属于素混凝土，所以不必考虑钢筋及预埋件位置。然后人工把持钻机缓慢钻入、匀速钻进，对钻头连续加水冷却[23]。由于模袋混凝土要求混凝土的流动性大，从而工程中混凝土的粗骨料最大粒径均小于一般混凝土粗骨料的最大粒径，所以取芯直径为 75mm，芯样钻取长度根据现场模袋混凝土的三种厚度进行取样，分别为 100mm、120mm 和 150mm。

表 2-22　各灌域模袋混凝土取芯具体地点及时间

Tab.2-22　The location and time of mold-bag-concrete cores of each irigation district

| 序号 | 灌域名称 | 地点 | 浇筑时间 | 取芯时间 | 仪器 |
|---|---|---|---|---|---|
| 1 | 沈乌灌域 | 沙河渠 | 无记录 | 2014.08.26 | HZ-15 混凝土钻孔取芯机 |
| 2 | | 丰济渠 | | 2014.08.26 | |
| 3 | | 总干渠 2010 | | 2014.08.28 | |
| 4 | | 总干渠 2011 | | 2014.08.29 | |
| 5 | | 总干渠 2012 | | 2014.08.29 | |
| 6 | | 总干渠 2013 | | 2014.08.29 | |
| 7 | | 一干渠一标段 | 2014.03.04 | 2014.08.27 | |
| 8 | | 一干渠二标段 | 2014.03.06 | 2014.08.27 | |
| 9 | | 一干渠三标段 | 2014.03.15 | 2014.08.27 | |
| 10 | | 一干渠四标段 | 2014.01.29 | 2014.08.27 | |
| 11 | | 南边渠 2-3 闸阴 | 2012.03.09 | 2014.08.25 | |
| 12 | | 南边渠 3-4 闸阳 | 2012.03.14 | 2014.08.24 | |
| 13 | | 南边渠 3-4 闸阴 | 2012.03.14 | 2014.08.25 | |
| 1 | 乌兰布和灌域 | 建设二分干试验段 | 2015.04.14 | 2015.06.03 | |
| 2 | | 建设二分干十三标 | 2015.04.16 | 2015.06.03 | |
| 3 | | 建设二分干十四标 | 2015.04.18 | 2015.06.04 | |
| 4 | | 建设一分干八标（永固） | 2015.04.18 | 2015.05.31 | |
| 5 | | 建设一分干八标（济禹） | 2015.04.15 | 2015.06.01 | |
| 6 | | 建设一分干九标（新禹） | 2015.04.17 | 2015.06.01 | |
| 7 | | 建设一分干十标（济禹） | 2015.04.12 | 2015.06.02 | |
| 1 | 乌拉特灌域 | 水建公司 | 2015.06.14 | 2015.07.16 | |
| 2 | | 塔布河源 | 2015.06.16 | 2015.07.16 | |

续表

| 序号 | 灌域名称 | 地点 | 浇筑时间 | 取芯时间 | 仪器 |
| --- | --- | --- | --- | --- | --- |
| 3 | 乌拉特灌域 | 塔布济禹 | 2015.06.23 | 2015.07.18 | |
| 4 | | 塔布新禹 | 2015.06.07 | 2015.07.18 | |
| 5 | | 什巴分干渠 | 2015.06.18 | 2015.07.19 | |

因为模袋混凝土具有很强的可塑性，需要对其进行切割磨平等工序。使用红外线切割机对现场钻取的模袋混凝土芯样进行二次加工，去掉两端不平整处，使芯样的高径比为 1。在切割时要特别小心，避免蹦边等现象出现，以免对芯样的抗压强度值造成影响。

## 2.6 试验仪器设备

本书试验所使用的主要仪器如下（原材料性能检测阶段的部分仪器未列出）：

（1）原材料检测初期所用到的水泥胶砂搅拌机如图 2-11 所示，电动抗折试验机如图 2-12 所示。

图 2-11 水泥砂浆搅拌机

Fig.2-11 concrete mixer

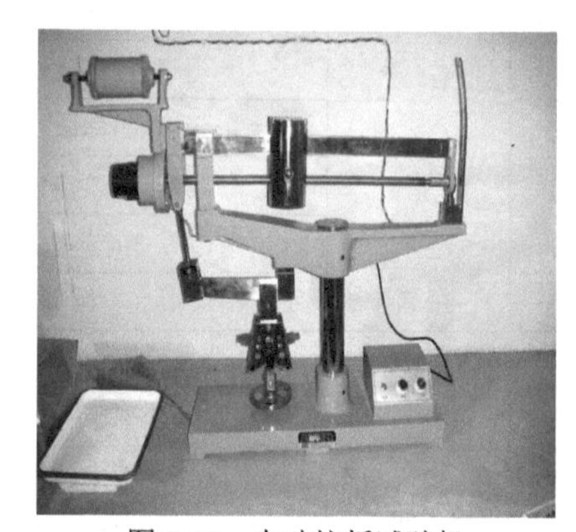

图 2-12 电动抗折试验机

Fig.2-12 Electric resistance testing machine

（2）设计配合比过程中，调试混凝土含气量所用到的混凝土含气量测定仪如图 2-13 所示，混凝土搅拌过程中用到的混凝土搅拌机如图 2-14 所示，拌和结束后用到的振动试验台如图 2-15 所示，以及试件成型养护过程中使用的恒温恒湿标准养护箱如图 2-16 所示。

图 2-13　含气量测定仪

Fig.2-13　Concrete air content measuring instrument

图 2-14　单卧轴混凝土搅拌机

Fig.2-14　Single horizontal shaft concrete mixer

图 2-15　振动试验台

Fig.2-15　Vibration test stand

图 2-16 恒温恒湿标准养护箱

Fig.2-16 Constant temperature and humidity standard curing box

（3）用于本书模袋混凝土芯样试件钻取的 HZ-15 钻芯机如图 2-17 所示。对钻取的模袋混凝土芯样试件进行切割的红外线切割机如图 2-18 所示。

图 2-17 钻芯机

Fig.2-17 Core machine

图 2-18 红外线切割机

Fig.2-18 Infrared cutting machine

（4）进行力学性能试验时使用的电液伺服压力试验机如图 2-19 所示。

（5）进行抗冻性能试验所使用的全自动混凝土冻融循环试验机如图 2-20 所示，对冻融前后的试件进行超声波波速测定的非金属超声波测试仪如图 2-21 所示。

（6）进行孔结构分析试验所使用的电动切片机、切片表面自动研磨机以及对孔结构进行扫描分析的气孔结构分析仪，如图 2-22～图 2-24 所示。

（7）对不同地区、不同配合比、不同冻融次数的模袋混凝土芯样试件进行微观观测用的电镜扫描仪如图 2-25 所示、环境扫描电子显微镜如图 2-26 所示。

图 2-19　电液伺服压力试验机

Fig.2-19　Electro-hydraulic servo pressure testing machine

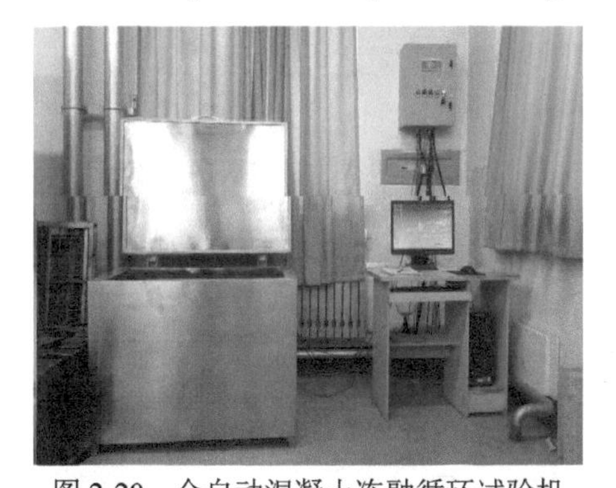

图 2-20　全自动混凝土冻融循环试验机

Fig2-20　Full-automatic concrete freeze-thaw cycle test machine

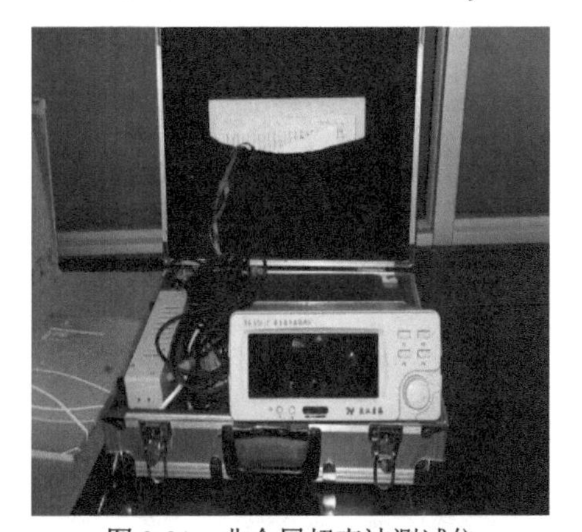

图 2-21　非金属超声波测试仪

Fig.2-21　Nonmetal ultrasonic testing analyzer kine

图 2-22 电动切片机
Fig.2-22 Electric cutting machine

图 2-23 切片表面自动研磨机
Fig.2-23 Automatic grinding machine for slicing surface

图 2-24 气孔结构分析仪
Fig.2-24 Pore structure analyzer

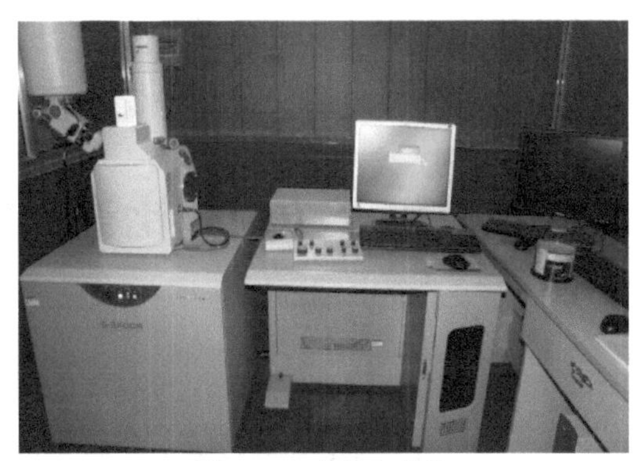

图 2-25　电镜扫描仪
Fig.2-25　Electron Microscope

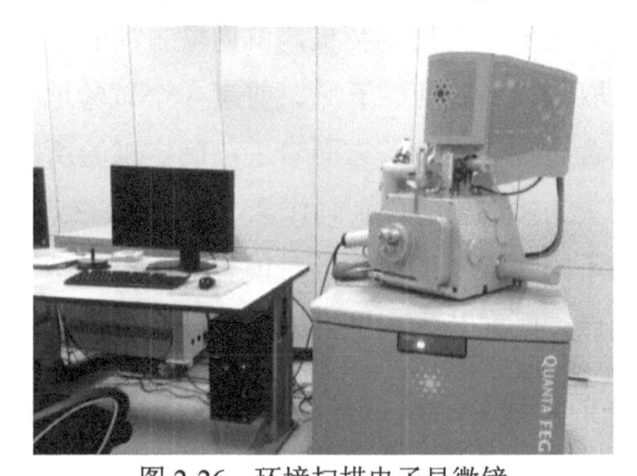


图 2-26　环境扫描电子显微镜
Fig.2-26　Environmental scanning electron microscope

# 第 3 章　模袋混凝土配合比设计研究

## 3.1　试验概况

本章以河套灌区渠道节水衬砌为契机，就内蒙古河套灌区模袋混凝土渠道衬砌问题展开研究。选取磴口、临河、五原、前旗 4 个试验地点，从各试验地点的原材料检测分析、配合比优化设计等方面着手，确定试验所需基准配合比，通过改变胶凝材料中粉煤灰的掺加量，分别制作 25%、30%、35%、40%、50%粉煤灰掺量的试件，来研究不同粉煤灰的掺入量对模袋混凝土力学性能的影响，从中选出具有代表性的试验点，研究其耐久性，进行抗冻性试验。

### 3.1.1　原材料选取方案

在设计配合比之前，首先要根据模袋混凝土对原材料的性能要求和渠道衬砌所用材料的实际情况来选取原材料，如果原材料不合格或是不满足模袋混凝土的工作性能要求，就会对配合比的优化设计造成困难，最后会做大量的“无用功”。因此，我们要明确所用原材料的各自特性以及它们在模袋混凝土中所发挥的作用。

试验首先选取内蒙古河套灌区具有代表性的磴口、临河、五原、前旗 4 个地点的输水渠道作为试验点（图 3-1），对各试验点的原材料的理化指标进行检测，以确定试验材料是否符合相关标准及规范要求。

确定试验地点以后，随即前往各试验点所在地，取回当地水泥、粉煤灰、砂子、石子、水样等试验原材料（图 3-2）。需特别指出的是，五原当地无优质粉煤灰，根据以往施工情况，五原粉煤灰均取自临河。

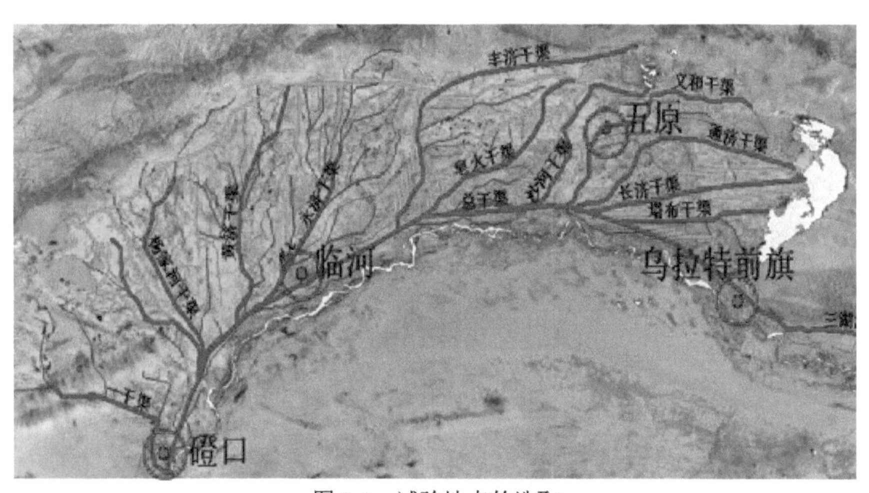


图 3-1　试验地点的选取

Fig.3-1　Selection of test sites

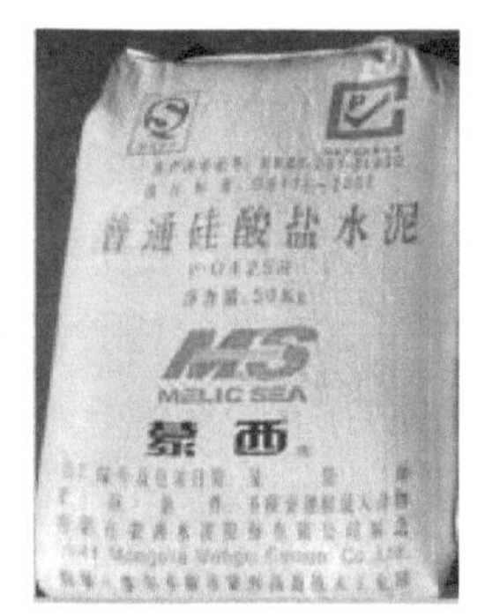

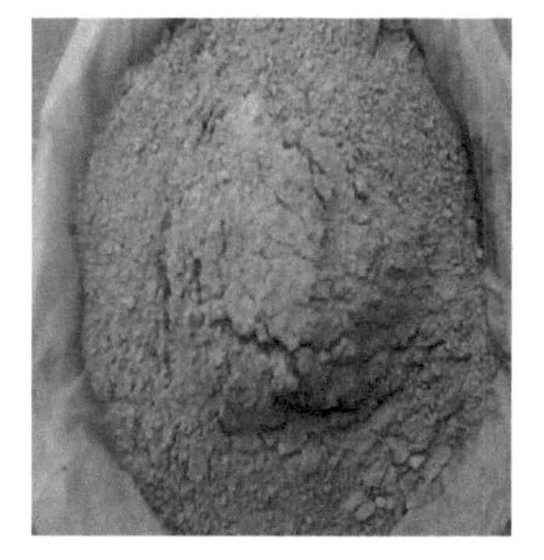

图 3-2　部分试验原材料

Fig.3-2　Partial raw materials

### 3.1.2 配合比设计要求

模袋混凝土的配合比设计应根据其自身特点，按照《普通混凝土配合比设计规程》（JGJ 55－2011），同时参考现役模袋混凝土衬砌的配合比，设计强度等级为C20、W6、F200的模袋混凝土。

## 3.2 原材料检测

### 3.2.1 水泥基本性能

水泥选用内蒙古自治区普遍使用的千峰牌、草原牌和蒙西牌三种普通硅酸盐水泥，标号均为P·O 42.5R。

试验操作流程主要按照《建筑材料检验手册》（ISBN:7-80227-084-7）进行，同时参考《水泥胶砂强度检验方法》（GB 17671－1999），《水泥标准稠度用水量、凝结时间、安定性检验方法》（GB/T1346－2011），《水工混凝土试验规程》（SL 352－2006）等相关规范，分别对三种水泥进行检测分析。

1．水泥密度试验

检测流程如下：

（1）烘干试样[（110±5）℃，1h]。

（2）将无水煤油注入瓶中0～1mm刻度，恒温水浴0.5h，记录液面刻度$V_1$。

（3）称干样60g，装入李氏瓶中，摇匀排出气泡。

（4）恒温水浴0.5h，记录液面刻度$V_2$。

试验结果按式（3-1）计算（精确至0.01g/cm³）

$$\rho=\frac{m}{V} \tag{3-1}$$

式中 $\rho$——水泥的密度，g/cm³；

$m$——装入比重瓶中水泥质量，g；

$V$——被水泥所排出的液体体积，即$V=V_2-V_1$，cm³。

每种水泥做两次试验，取两次结果的算术平均值作为最终结果，如果两次试验结果之差超过 0.02g/cm³，应重新测定，检测结果见表 3-1。

表 3-1　水泥密度试验

Tab.3-1　Cement density test

| 水泥名称 | $m$（g） | $v$（cm³） | $\rho$（g/cm³） | 平均值（g/cm³） |
|---|---|---|---|---|
| 千峰 | 60 | 21.5 | 2.79 | 2.80 |
| | 60 | 21.4 | 2.80 | |
| 草原 | 60 | 20.3 | 2.96 | 2.96 |
| | 60 | 20.3 | 2.96 | |
| 蒙西 | 60 | 20.3 | 2.96 | 2.95 |
| | 60 | 20.4 | 2.94 | |

2．水泥细度试验

对水泥细度的检测一般可分为三种：负压筛析法、水筛法和手工筛析法，本试验选用负压筛析法。

首先分别称取三种水泥试样各 25g，使用 80μm 的方孔标准筛筛析，将负压筛析仪的负压调节至 4k～6kPa 状态，筛析时间 2min，筛析结束，用天平称量筛余物。精确至 0.01g。

水泥细度按式（3-2）计算：

$$F=\frac{R_s}{W}\times 100 \tag{3-2}$$

式中　$F$——水泥试样的筛余百分数，%；

$R_s$——水泥筛余物的质量，g；

$W$——水泥式样的质量，g。

每种水泥做两次试验，筛析结果取筛余平均值。若两次结果绝对误差大于 0.5%（筛余值大于 5.0%可放至 1.0%），应再测一次，将相近的两次数据的算术平均值作为最终结果，检测结果见表 3-2。

3．水泥比表面积（勃氏法）

勃氏法是使用 Blaine 透气仪，根据一定量的空气通过具有一定空隙和固定厚度的水泥层时所受阻力不同，而引起流速变化来测定水泥的比表面积。

表 3-2 水泥细度试验

Tab.3-2 Cement fineness test

| 水泥名称 | $R_s$（g） | $W$（g） | $F$（%） | 平均值（%） |
|---|---|---|---|---|
| 千峰 | 5.62 | 25 | 22.5 | 22.0 |
| | 5.37 | 25 | 21.5 | |
| 草原 | 1.11 | 25 | 4.4 | 4.3 |
| | 1.03 | 25 | 4.1 | |
| 蒙西 | 0.53 | 25 | 2.1 | 1.7 |
| | 0.92 | 25 | 3.68（剔除） | |
| | 0.31 | 25 | 1.2 | |

注：千峰水泥的细度较大，已超过要求限值（≯10%）。

试验流程如下：

（1）准备三种水泥试样及水泥标准样，烘干后冷却至室温。

（2）检查仪器是否密封良好，如漏气用油脂进行密封。

（3）称取水泥试样及标样。

（4）将称取的水泥量，分别倒入已放好穿孔板和滤纸的透气圆筒中，再放入一片滤纸，用捣器均匀捣实至捣器支持环接触圆筒顶面并旋转两周，缓慢取出捣器。

（5）将装好水泥的透气圆筒连接到压力器上，打开抽气装置慢慢从压力计中抽出空气，直到液面上升到扩大部分刻度时关闭阀门。

（6）当 U 型压力计内液面下降到第二个刻度线时开始计时，液面降到第三个刻度线时停止计时，记录液面从第二个刻度线到第三个刻度线所需时间（单位为 s）。

水泥比表面积按式（3-3）计算：

$$S=\frac{S_s\sqrt{T}}{\sqrt{T_s}} \tag{3-3}$$

式中 $S$——被测试样的比表面积，$cm^2/g$；

$S_s$——标准样品的比表面积，$cm^2/g$；

$T$——被测试样试验时，压力计中液面降落测得时间，s；

$T_s$——标准试样试验时，压力计中液面降落测得时间，s。

试验取二次结果的平均值作为最终结果。如二次试验结果相差 2%以上应重新试验。当以 $cm^2/g$ 为单位计算得到的比表面积值换算为 $m^2/kg$ 单位时，需乘以系数 0.1，检测结果见表 3-3。

表 3-3　水泥比表面积

Tab.3-3　Cement specific surface area

| 水泥名称 | $S_s$（$m^2/kg$） | $T$（s） | $T_s$（s） | $S$（$m^2/kg$） | 平均（$m^2/kg$） |
|---|---|---|---|---|---|
| 千峰 | 310 | 116.1 | 114.3 | 312 | 312 |
| | | 115.8 | 114.3 | 312 | |
| 草原 | 310 | 115.5 | 108.7 | 320 | 320 |
| | | 115.9 | 108.9 | 320 | |
| 蒙西 | 310 | 115.5 | 104.5 | 326 | 326 |
| | | 116.2 | 105.4 | 325 | |

4．标准稠度用水量、凝结时间、安定性试验

标准稠度用水量的测定流程如图 3-3 所示。

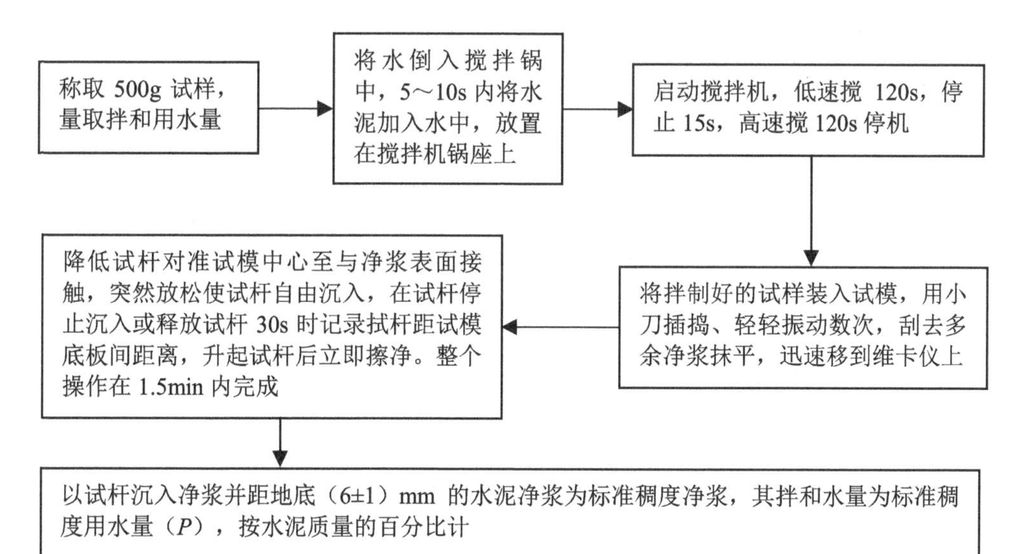


图 3-3　标准稠度用水量的测定流程

Fig.3-3　Standard consistency water consumption

标准稠度用水量检测结果见表 3-4。

表 3-4 水泥标准稠度用水量

Tab.3-4 Water consumption for cement standard consistency

| 水泥名称 | 拌和用水（mL） | 距底距离（mm） | $P$（%） |
|---|---|---|---|
| 千峰 | 193 | 7 | 38.6 |
| 草原 | 122 | 5 | 24.4 |
| 蒙西 | 142 | 7 | 28.4 |

凝结时间的测定，如图 3-4 所示。

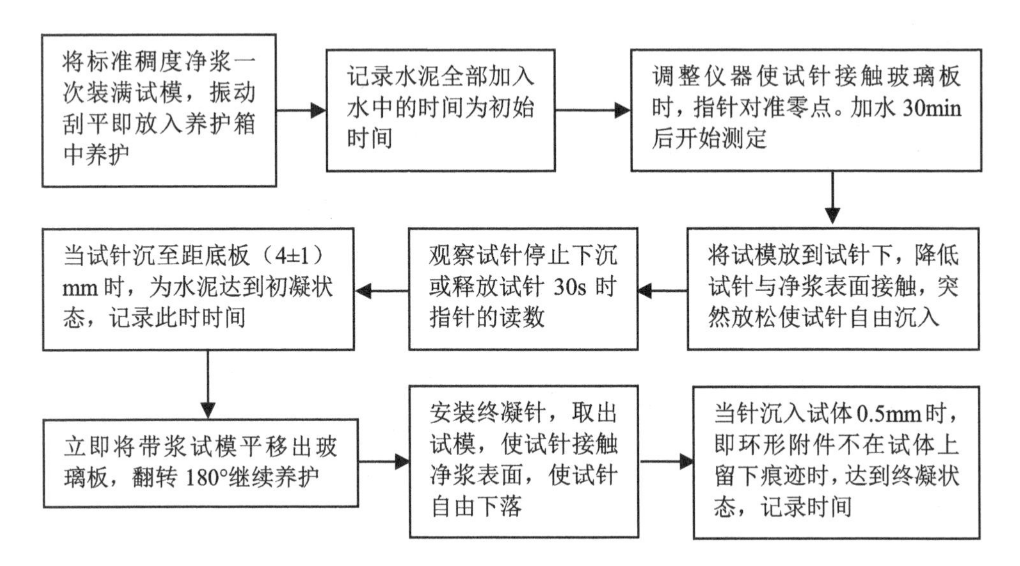


图 3-4 水泥凝结时间的测定流程

Fig.3-4 Measurement process of cement setting time

凝结时间的检测结果见表 3-5。

表 3-5 水泥凝结时间

Tab.3-5 Cement setting time

| 水泥名称 | 初凝（min） | 终凝（min） |
|---|---|---|
| 千峰 | 225 | 255 |
| 草原 | 180 | 210 |
| 蒙西 | 220 | 260 |

水泥安定性的测定（试饼法）：取标准稠度净浆，放在玻璃板上轻轻振动并用

小刀由外边缘向中央抹平，做成直径70～80mm、中心厚度约10mm球冠试饼，在标准箱中养护24h后，脱去玻璃板取下，将无缺陷的试饼放入水泥沸煮箱中加热恒沸3h，放掉热水，打开箱盖，冷却至室温，目测无裂缝，无弯曲为合格。

经试验，三种水泥安定性均合格。

5．水泥胶砂强试验

首先制备试样，按水泥∶标准砂∶水=1∶3∶0.5的比例制备，即每锅用量水泥450g、标准砂1350g、水225g。

试验流程如下：

（1）将水加入锅再加水泥，低速搅拌30s后开始加砂（30s），再高速搅拌30s，停拌90s，将叶片和锅壁上的胶砂刮入锅中，再高速搅拌60s。

（2）将制备好的胶砂，分两层装入试模，用大小拨料器拨平，每层振实60次。用钢尺一次刮去多余胶砂，以钢尺水平将试体表面抹平。

（3）成型后做好标记，立即放入标准养护箱中养护至规定时间脱模，养护温度为20.3℃，湿度91.2%。

（4）取出试件，进行抗折强度与抗压强度试验。抗折加荷速度50N/s，抗压加荷速度为2.4kN/s。

抗折强度$R_f$按式（3-4）计算：

$$R_f=\frac{1.5F_tL}{b^3} \tag{3-4}$$

式中　$F_t$——折断时施加于棱柱体中部的荷载，N；

$L$——支撑圆柱之间的距离，mm；

$b$——棱柱体正方形截面的边长，mm。

以一组三个棱柱体抗折强度的平均值作为实验结果。三个强度中有超出平均值±10%时，应剔除后，再取平均值作为抗折强度实验结果，检测结果见表3-6、表3-7。

抗压强度$R_C$按式（3-5）进行计算：

$$R_C=\frac{F_c}{A} \tag{3-5}$$

式中　$F_c$——破坏时最大荷载，N；

$A$——受压部分面积，40×40=1600（$mm^2$）。

表 3-6　水泥 3d 抗折强度试验

Tab.3-6　Flexural strength test of cement on 3d

| 水泥名称 | 破坏荷载（kN） | 抗折强度（MPa） | 平均值（MPa） |
|---|---|---|---|
| 千峰 | 2075 | 4.9 | 5.0 |
| | 2075 | 4.9 | |
| | 2275 | 5.4 | |
| 草原 | 2150 | 5.3 | 5.2 |
| | 2250 | 5.1 | |
| | 2850 | 6.7（剔除） | |
| 蒙西 | 2800 | 6.6 | 6.7 |
| | 2850 | 6.7 | |

表 3-7　水泥 28d 抗折强度试验

Tab.3-7　Flexural strength test of cement on 28d

| 水泥名称 | 破坏荷载（kN） | 抗折强度（MPa） | 平均值（MPa） |
|---|---|---|---|
| 千峰 | 4150 | 9.7 | 9.5 |
| | 4200 | 9.8 | |
| | 3850 | 9.0 | |
| 草原 | 4650 | 10.9 | 10.2 |
| | 4275 | 10.0 | |
| | 4100 | 9.6 | |
| 蒙西 | 4625 | 10.8 | 10.8 |
| | 4550 | 10.7 | |

以一组三个棱柱体得到的 6 个抗压强度测定值的算数平均值作为试验结果，试验结果有超出平均值±10%的，剔除后以剩下 5 个平均数为结果，检测结果见表 3-8、表 3-9。

6．水泥胶砂流动度试验

通过测定三种不同水泥胶砂在规定振动状态下的扩散范围，来衡量各自的流动性。

表 3-8　水泥 3d 抗压强度试验

Tab.3-8　Compressive strength test of cement 3d

| 水泥名称 | 破坏荷载（kN） | | 抗压强度（MPa） | | 平均值（MPa） |
|---|---|---|---|---|---|
| 千峰 | 35.27 | 33.92 | 22.0 | 21.2 | 22.5 |
| | 38.51 | 37.50 | 24.1 | 23.4 | |
| | 36.15 | 34.89 | 22.6 | 21.8 | |
| 草原 | 26.97 | 41.17 | 16.9（剔除） | 25.7 | 26.1 |
| | 42.43 | 42.77 | 26.5 | 26.7 | |
| | 39.27 | 43.30 | 24.5 | 27.1 | |
| 蒙西 | 32.78 | 46.73 | 20.5（剔除） | 29.2 | 29.9 |
| | 47.30 | 50.35 | 29.2 | 30.9 | |
| | 48.96 | 47.74 | 30.6 | 29.8 | |

表 3-9　水泥 28d 抗压强度试验

Tab.3-9　Compressive strength test of cement 28d

| 水泥名称 | 破坏荷载（kN） | | 抗压强度（MPa） | | 平均值（MPa） |
|---|---|---|---|---|---|
| 千峰 | 71.75 | 77.70 | 44.8 | 48.6 | 45.8 |
| | 70.79 | 72.09 | 44.2 | 45.1 | |
| | 75.84 | 71.42 | 47.4 | 44.6 | |
| 草原 | 66.66 | 64.13 | 41.7 | 40.1 | 40.7 |
| | 63.58 | 62.82 | 39.8 | 39.3 | |
| | 64.85 | 68.68 | 40.4 | 42.9 | |
| 蒙西 | 84.02 | 90.60 | 52.5 | 56.6 | 51.5 |
| | 77.91 | 81.74 | 48.7 | 51.1 | |
| | 81.53 | 78.58 | 50.9 | 49.1 | |

试验流程：按照水泥胶砂强度试验方法制备水泥胶砂，将制备好的水泥胶砂装分两层装入试模，每层用捣棒捣压均匀，捣压完毕，将多余的胶砂刮去抹平，取下试模，开动跳桌，跳动 25 次后用卡尺测量胶砂底面相互垂直的两个方向的直径，计算平均值。试验结果见表 3-10。

7. 水泥性能汇总与评定

根据表 3-11 可知，三种水泥中除千峰牌水泥的细度超出规范限制≯10 外，其他各项指标均符合现行规范要求，而从水泥胶砂强度检测出结果来看，蒙西牌水泥的强度明显好于其他两种水泥，更适宜用于本试验的后续试验，故选取蒙西牌水泥进行后续的配合比试验。

表 3-10 水泥胶砂流动度

Tab.3-10 Fluidity of cement mortar

| 水泥名称 | 水平方向（mm） | 竖直方向（mm） | 平均值（mm） |
|---|---|---|---|
| 千峰 | 107 | 105 | 106 |
| 草原 | 170 | 172 | 171 |
| 蒙西 | 153 | 154 | 154 |

表 3-11 P·O42.5R 级水泥性能指标

Tab.3-11 Performance of P·O42.5R Portland cement

| 名称 | 密度（g/cm³） | 细度（%） | 比表面积（m²/kg） | 标准稠度用水量（%） | 凝结时间（min） | | 水泥胶砂流动度（mm） | 安定性 | 抗折强度（MPa） | | 抗压强度（MPa） | |
|---|---|---|---|---|---|---|---|---|---|---|---|---|
| | | | | | 初凝 | 终凝 | | | 3d | 28d | 3d | 28d |
| 千峰 | 2.80 | 22 | 319 | 38.6 | 225 | 255 | 106 | 合格 | 5.0 | 9.5 | 22.5 | 45.8 |
| 草原 | 2.96 | 4.3 | 351 | 24.4 | 180 | 210 | 171 | 合格 | 5.2 | 10.2 | 26.1 | 40.7 |
| 蒙西 | 2.95 | 1.7 | 378 | 28.4 | 220 | 260 | 154 | 合格 | 6.7 | 10.8 | 29.6 | 51.1 |

### 3.2.2 粉煤灰基本性能

试验操作流程主要按照《建筑材料检验手册》（ISBN：7-80227-084-7）进行，同时参考《水工混凝土试验规程》（SL 352－2006）、《粉煤灰混凝土应用技术规范》（GB/T 50146－2014）等相关规范，对各试验点粉煤灰进行检测分析。

本试验使用粉煤灰为Ⅱ级，除五原当地无大型电厂供应合格粉煤灰，就近使用临河粉煤灰外，其他各试验地均使用当地产粉煤灰，基本性能检测如下：

1. 粉煤灰密度试验

粉煤灰密度试验参照水泥密度测定方法，检测结果见表 3-12。

表 3-12 粉煤灰密度试验

Tab.3-12 Fly ash density test

| 产地 | $m$（g） | $v$（cm³） | $\rho$（g/cm³） | 平均值（g/cm³） |
|---|---|---|---|---|
| 磴口 | 52.93 | 23.5 | 2.25 | 2.25 |
| | 53.18 | 23.6 | 2.25 | |

续表

| 产地 | $m$（g） | $v$（$cm^3$） | $\rho$（$g/cm^3$） | 平均值（$g/cm^3$） |
|---|---|---|---|---|
| 临河 | 48.30 | 20.2 | 2.39 | 2.39 |
| | 49.80 | 20.9 | 2.38 | |
| 前旗 | 53.03 | 23.7 | 2.24 | 2.24 |
| | 53.21 | 23.8 | 2.24 | |

2．粉煤灰细度试验

粉煤灰的细度试验参照水泥细度测定方法，检测结果见表 3-13。

表 3-13　粉煤灰细度试验

Tab.3-13　Fly ash fineness test

| 产地 | $G_1$（g） | $G$（$cm^3$） | $F$（%） | 平均值（%） |
|---|---|---|---|---|
| 磴口 | 1.79 | 10 | 17.9 | 18.2 |
| | 1.85 | 10 | 18.5 | |
| 临河 | 1.61 | 10 | 16.1 | 16.4 |
| | 1.67 | 10 | 16.7 | |
| 前旗 | 1.85 | 10 | 18.5 | 19.2 |
| | 1.97 | 10 | 19.7 | |
| | 1.94 | 10 | 19.4 | |

3．需水量比试验

本试验根据规范《用于水泥和混凝土中的粉煤灰》（GB 1596－2005）进行，基准胶砂配合比见表 3-14，检测结果见表 3-15。

表 3-14　基准配合比

Tab.3-14　Reference mix proportion

| 胶砂种类 | 水泥（g） | 粉煤灰（g） | 标准砂（g） | 加水量（mL） |
|---|---|---|---|---|
| 对比胶砂 | 250 | — | 750 | 125 |
| 试验胶砂 | 175 | 75 | 750 | 流动度达到按流动度130～140mm 调整 |

粉煤灰需水量比 $R_w$ 按式（3-6）计算（计算结果取整数）：

$$R_w = \frac{W_t}{W} \times 100 \tag{3-6}$$

式中 $R_w$——受检材料的需水量比，%；

$W_t$——受检胶砂的用水量，g；

$W$——基准胶砂的用水量，g。

表 3-15 粉煤灰需水量比试验

Tab.3-15 Water requirement ratio test of fly ash

| 粉煤灰产地 | $W_t$（g） | $W$（g） | $R_w$（%） |
|---|---|---|---|
| 磴口 | 123 | 125 | 98 |
| 临河 | 120 | 125 | 96 |
| 前旗 | 112 | 125 | 90 |

4．含水率试验

含水率 $W$ 按式（3-7）计算（计算至 0.1%）：

$$W = \frac{\omega_1 - \omega_0}{\omega_1} \times 100 \tag{3-7}$$

式中 $W$——受检材料的含水量，%；

$\omega_1$——烘干前试样质量，g；

$\omega_0$——烘干后试样质量，g。

检测结果见表 3-16。

表 3-16 粉煤灰的含水率

Tab.3-16 Water content of fly ash

| 粉煤灰产地 | $\omega_1$（g） | $\omega_0$（g） | $W$（%） | 均值（%） |
|---|---|---|---|---|
| 磴口 | 50 | 49.9 | 0.2 | 0.3 |
| | 50 | 49.8 | 0.4 | |
| 临河 | 50 | 49.6 | 0.8 | 0.9 |
| | 50 | 49.5 | 1.0 | |
| 前旗 | 50 | 49.5 | 1.0 | 1.0 |
| | 50 | 49.5 | 1.0 | |

5．烧失量试验

试验流程如下：

称取约1g粉煤灰试样于瓷坩埚中，置于高温炉内在1000℃灼烧15min后称量试样，反复灼烧至恒重。

烧失量$X_{LOI}$按式（3-8）计算（计算至0.01%）：

$$X_{LOI}=\frac{m_1-m_2}{m_1}\times 100 \tag{3-8}$$

式中 $X_{LOI}$——烧失量的质量百分数，%；

$m_1$——试样质量，g；

$m_2$——烧失后试样的质量，g。

检测结果见表3-17。

表3-17 粉煤灰烧失量

Tab.3-17 loss on ignition of fly ash

| 粉煤灰产地 | $m_1$（g） | $m_2$（g） | $X_{LOI}$（%） |
|---|---|---|---|
| 磴口 | 1.0001 | 0.9767 | 2.34 |
| 临河 | 1.0009 | 0.9343 | 6.65 |
| 前旗 | 1.0003 | 0.9690 | 3.13 |

6．粉煤灰性能汇总与评定

由表3-18可知，根据《粉煤灰混凝土应用技术规范》（GB/T 50146－2014）和《用于水泥和混凝土中的粉煤灰》（GB/T 1596－2005），各地提供的粉煤灰均符合II级粉煤灰要求，均可用作配合比试验。

表3-18 粉煤灰性能指标

Tab.3-18 Performance of of fly ash

| 取材地点 | 密度（$g/cm^3$） | 细度（%） | 含水率（%） | 烧失量（%） | 需水量比（%） |
|---|---|---|---|---|---|
| 磴口 | 2.25 | 18.2 | 0.3 | 2.34 | 98 |
| 临河 | 2.39 | 16.4 | 0.9 | 6.65 | 96 |
| 五原（临河） | 2.39 | 16.4 | 0.9 | 6.65 | 96 |
| 前旗 | 2.24 | 19.6 | 1.0 | 3.13 | 90 |

### 3.2.3 细骨料

试验检测细骨料均为试验所在地当地料场提供，检测流程主要按照《建筑材料检验手册》（ISBN：7-80227-084-7）进行，参考《建筑用砂》（GB/T 14684－2011），对各试验点的砂子进行检测分析。

1．颗粒级配试验

试验设备：

方孔筛孔径为9.5mm、4.75mm、2.36 mm、1.18 mm、0.6mm、0.3mm、0.15mm，并附有筛底和筛盖。

试验流程：

称取试样500g，精确至1g，将方孔筛按筛孔从大到小组合并附上底，将试样倒入最上层筛中，进行筛分；筛分10min后，再从大到小依次手动筛分。筛分完毕后，逐筛称取筛余量，计算筛余百分率与细度模数，计算完毕与标准对照，进行评定。

试验结果按式（3-9）计算：

$$FM=\frac{(A_2+A_3+A_4+A_5+A_6)-5A_1}{100-A_1} \tag{3-9}$$

式中 $FM$——砂料的细度模数；

$A_1$、$A_2$、$A_3$、$A_4$、$A_5$、$A_6$——分别为4.75mm、2.36 mm、1.18mm、0.6mm、0.3mm、0.15mm各筛上的累计筛余百分率。

每组试验做两个平行试验，细度模数取两次结果的算术平均值。如两次试验所得细度模数之差大于0.20时，或筛后各筛上的筛余量与底盘的筛余量之和同原试样相差超过1%时，应重新取样进行试验。检测结果见表3-19～表3-22。

**表3-19　磴口颗粒级配**

**Tab.3-19　Sand grain composition of Deng kou**

| 组别 | 筛孔大小（mm） | 4.75 | 2.36 | 1.18 | 0.6 | 0.3 | 0.15 | 筛底 |
|---|---|---|---|---|---|---|---|---|
| 第一组 | 筛余量（g） | 56 | 73 | 40 | 72 | 112 | 110 | 37 |
| | 百分率（%） | 11.1 | 14.7 | 8.0 | 14.4 | 22.4 | 22.0 | 7.4 |
| | 累计百分率（%） | 11.1 | 25.8 | 33.8 | 48.2 | 70.6 | 92.6 | 100 |
| 第二组 | 筛余量（g） | 67 | 85 | 42 | 71 | 106 | 97 | 32 |
| | 百分率（%） | 13.3 | 17.1 | 8.4 | 14.2 | 21.1 | 19.5 | 6.3 |
| | 累计百分率（%） | 13.3 | 30.4 | 38.7 | 52.9 | 74.1 | 93.6 | 99.9 |

磴口试验点砂子细度模数：

$$FM_1 = \frac{(25.8 + 33.8 + 48.2 + 70.6 + 92.6) - 5 \times 11.1}{100 - 11.1} = 2.4$$

$$FM_2 = \frac{(30.4 + 38.7 + 52.9 + 74.1 + 93.6) - 5 \times 13.3}{100 - 13.3} = 2.6$$

$$\overline{FM} = \frac{2.4 + 2.6}{2} = 2.5$$

表 3-20　临河颗粒级配

Tab.3-20　Sand grain composition of Lin He

| 组别 | 筛孔大小（mm） | 4.75 | 2.36 | 1.18 | 0.6 | 0.3 | 0.15 | 筛底 |
|---|---|---|---|---|---|---|---|---|
| 第一组 | 筛余量（g） | 67 | 79 | 71 | 84 | 78 | 43 | 78 |
| | 百分率（%） | 13.4 | 15.8 | 14.2 | 16.8 | 15.7 | 8.5 | 15.6 |
| | 累计百分率（%） | 13.4 | 29.2 | 43.4 | 60.2 | 75.8 | 84.4 | 100.0 |
| 第二组 | 筛余量（g） | 58 | 67 | 61 | 88 | 87 | 49 | 89 |
| | 百分率（%） | 11.7 | 13.5 | 12.2 | 17.7 | 17.4 | 9.9 | 17.7 |
| | 累计百分率（%） | 11.7 | 25.1 | 37.3 | 55.0 | 72.4 | 82.3 | 100.0 |

临河试验点砂子细度模数：

$$FM_1 = \frac{(29.2+43.4+60.2+75.8+84.4) - 5 \times 13.4}{100 - 13.4} = 2.6$$

$$FM_2 = \frac{(25.1 + 37.3 + 55.0 + 72.4 + 82.3) - 5 \times 11.7}{100 - 11.7} = 2.4$$

$$\overline{FM} = \frac{2.6 + 2.4}{2} = 2.5$$

表 3-21　五原颗粒级配

Tab.3-21　Sand grain composition of Wu Yuan

| 组别 | 筛孔大小（mm） | 4.75 | 2.36 | 1.18 | 0.6 | 0.3 | 0.15 | 筛底 |
|---|---|---|---|---|---|---|---|---|
| 第一组 | 筛余量（g） | 15 | 42 | 84 | 174 | 162 | 23 | 1 |
| | 百分率（%） | 2.9 | 8.3 | 16.8 | 34.7 | 32.3 | 4.6 | 0.2 |
| | 累计百分率（%） | 2.9 | 11.2 | 28.0 | 62.7 | 95.0 | 99.6 | 99.8 |
| 第二组 | 筛余量（g） | 13 | 39 | 81 | 165 | 167 | 30 | 1 |
| | 百分率（%） | 2.7 | 7.8 | 16.3 | 33.1 | 33.5 | 6.0 | 0.3 |
| | 累计百分率（%） | 2.7 | 10.5 | 26.8 | 59.8 | 93.3 | 99.3 | 99.6 |

五原试验点砂子细度模数：

$$FM_1 = \frac{(11.2 + 28.0 + 62.7 + 95.0 + 99.6) - 5 \times 2.9}{100 - 2.9} = 2.9$$

$$FM_2 = \frac{(10.5 + 26.8 + 59.8 + 93.3 + 99.3) - 5 \times 2.7}{100 - 2.7} = 2.8$$

$$\overline{FM} = \frac{2.9 + 2.8}{2} = 2.9$$

**表 3-22 前旗颗粒级配**

Tab.3-22 Sand grain composition of Qian Qi

| 组别 | 筛孔大小（mm） | 4.75 | 2.36 | 1.18 | 0.6 | 0.3 | 0.15 | 筛底 |
|---|---|---|---|---|---|---|---|---|
| 第一组 | 筛余量（g） | 5 | 11 | 53 | 127 | 125 | 159 | 19 |
| | 百分率（%） | 1.0 | 2.2 | 10.7 | 25.5 | 25.0 | 31.7 | 3.8 |
| | 累计百分率（%） | 1.0 | 3.2 | 13.9 | 39.4 | 64.4 | 96.1 | 100.0 |
| 第二组 | 筛余量（g） | 2 | 15 | 57 | 142 | 124 | 141 | 18 |
| | 百分率（%） | 0.4 | 3.0 | 11.4 | 28.4 | 24.8 | 28.2 | 3.6 |
| | 累计百分率（%） | 0.4 | 3.4 | 14.8 | 43.2 | 68.0 | 96.2 | 99.8 |

前旗试验点砂子细度模数：

$$FM_1 = \frac{(3.2 + 13.9 + 39.4 + 64.4 + 96.1) - 5 \times 1.0}{100 - 1.0} = 2.1$$

$$FM_2 = \frac{(3.4 + 14.8 + 43.2 + 68.0 + 96.2) - 5 \times 0.4}{100 - 0.4} = 2.2$$

$$\overline{FM} = \frac{2.1 + 2.2}{2} = 2.2$$

2. *表观密度*

首先取烘干后的试样 300g，倒入盛有半瓶冷开水的容量瓶中，充分摇动后静置 24h，用移液管加水至瓶颈刻度线处，塞紧瓶塞，称其质量 $G_2$；倒出瓶中的全部水和试样，再加水至瓶颈刻度线处，称其总质量 $G_3$。

砂子的表观密度按式（3-10）计算（精确至 10kg/m³）：

$$\rho = \left( \frac{G_1}{G_1 + G_3 - G_2} - \alpha_t \right) \times 1000 \tag{3-10}$$

式中 $G_1$——烘干后试样的质量，g；

$G_2$——试样、水及容量瓶的总质量，g；

$G_3$——水及容量瓶的总质量，g；

$\alpha_t$——考虑称量时的水温对水相对密度影响的修正系数，根据试验温度查表取 0.004。

取两次平行试验结果的算术平均值作为测定结果。检测结果见表 3-23。

表 3-23　表观密度试验

Tab.3-23　Apparent density of Sand

| 砂子产地 | $G_1$（g） | $G_2$（g） | $G_3$（g） | $\alpha_t$ | $\rho$（$kg/m^3$） | 平均值（$kg/m^3$） |
|---|---|---|---|---|---|---|
| 磴口 | 300 | 874.5 | 688.6 | 0.004 | 2630 | 2630 |
| | | 865.9 | 680.2 | | 2630 | |
| 临河 | 300 | 807.3 | 620.9 | 0.004 | 2640 | 2640 |
| | | 875.1 | 688.6 | | 2640 | |
| 五原 | 300 | 838.6 | 651.7 | 0.004 | 2650 | 2650 |
| | | 814.8 | 627.7 | | 2650 | |
| 前旗 | 300 | 876.6 | 688.6 | 0.004 | 2680 | 2680 |
| | | 808.9 | 620.9 | | 2680 | |

### 3．堆积密度和紧密密度试验

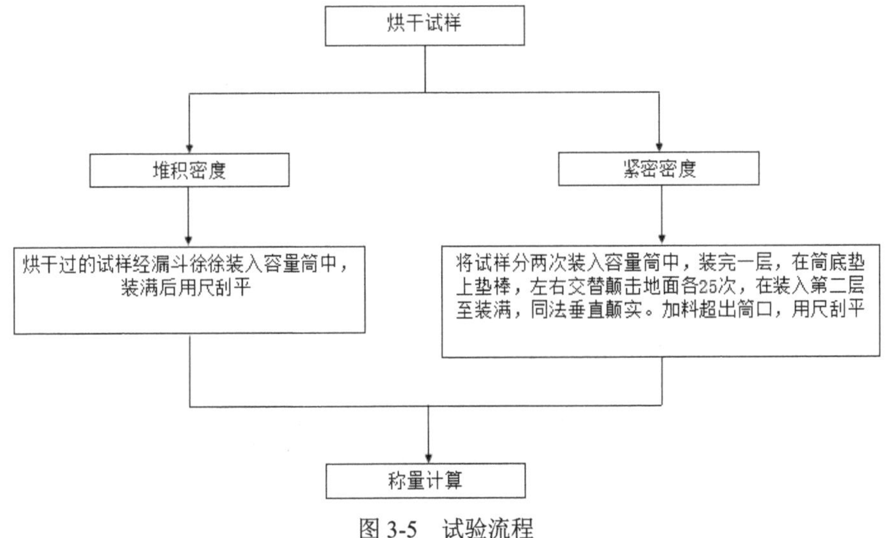


图 3-5　试验流程

Fig.3-5　Test procedure of density

砂子的堆积密度和紧密密度按式（3-11）计算：

$$\rho=\frac{G_2-G_1}{V}\times 1000 \tag{3-11}$$

式中 $V$——容量筒容积，L；

$G_1$——容量筒质量，kg；

$G_2$——容量筒和砂的总质量，kg。

取两次平行试验结果的算术平均值作为测定结果。检测结果见表3-24和表3-25。

表3-24 砂子的堆积密度

Tab.3-24 The bulk density of sand

| 砂子产地 | $G_1$（kg） | $G_2$（kg） | $V$（L） | $\rho$（kg/m³） | 平均值（kg/m³） |
|---|---|---|---|---|---|
| 磴口 | 1.105 | 4.235 | 1.85 | 1690 | 1690 |
| | 1.105 | 4.210 | 1.85 | 1680 | |
| 临河 | 1.100 | 4.085 | 1.85 | 1610 | 1620 |
| | 1.100 | 4.105 | 1.85 | 1620 | |
| 五原 | 1.110 | 3.955 | 1.85 | 1540 | 1540 |
| | 1.110 | 3.945 | 1.85 | 1530 | |
| 前旗 | 1.105 | 3.885 | 1.85 | 1500 | 1500 |
| | 1.105 | 3.865 | 1.85 | 1490 | |

表3-25 砂子的紧密密度

Tab.3-25 Tight density of sand

| 砂子产地 | $G_1$（kg） | $G_2$（kg） | $V$（L） | $\rho$（kg/m³） | 平均值（kg/m³） |
|---|---|---|---|---|---|
| 磴口 | 1.105 | 4.405 | 1.85 | 1780 | 1780 |
| | 1.105 | 4.375 | 1.85 | 1770 | |
| 临河 | 1.100 | 4.190 | 1.85 | 1670 | 1680 |
| | 1.100 | 4.230 | 1.85 | 1690 | |
| 五原 | 1.110 | 4.050 | 1.85 | 1590 | 1590 |
| | 1.110 | 4.025 | 1.85 | 1580 | |
| 前旗 | 1.105 | 4.025 | 1.85 | 1580 | 1570 |
| | 1.105 | 3.995 | 1.85 | 1560 | |

4．含水率试验

取约500g试样两份，分别放入已知重量的干燥容器盘（$m_1$）中，并称取每盘试样与容器盘的总重（$m_2$）。将容器盘连同试样放入温度为 105℃的烘箱中烘干至恒重，冷却至接近室温，称取烘干后试样与容器盘的总质量（$m_3$）。

砂子的含水率按式（3-12）计算（精确至 0.1%）：

$$\omega_{wc} = \frac{m_2 - m_3}{m_3 - m_1} \times 100 \tag{3-12}$$

式中　$m_1$——容量盘的质量，g；

$m_2$——未烘干的试样与容量盘的总质量，g；

$m_3$——烘干后的试样与容量盘的总质量，g。

取两次平行试验结果的算术平均值作为测定结果。检测结果见表 3-26。

**表 3-26　砂子的含水率试验**

**Tab.3-26　The water content of sand**

| 砂子产地 | $m_1$（g） | $m_2$（g） | $m_3$（g） | $\omega_{wc}$（%） | 平均值（%） |
|---|---|---|---|---|---|
| 磴口 | 239.0 | 741.9 | 739.4 | 0.5 | 0.5 |
| | 224.9 | 742.1 | 739.8 | 0.4 | |
| 临河 | 245.9 | 778.4 | 777.0 | 0.3 | 0.3 |
| | 249.3 | 762.6 | 761.4 | 0.2 | |
| 五原 | 224.7 | 760.0 | 759.4 | 0.1 | 0.1 |
| | 224.7 | 747.3 | 746.7 | 0.1 | |
| 前旗 | 239.0 | 753.3 | 746.2 | 1.4 | 1.4 |
| | 224.9 | 767.3 | 760.5 | 1.3 | |

5．含泥量

分别称取烘干后的试样 400g（$m_0$），置于容器中，注入饮用水并高出砂面约 150mm，搅拌后浸泡 2h。用手淘洗使尘屑、黏土与砂粒分离，将浑浊液倒入 1.18mm 和 0.075mm 套筛上，滤去小于 0.08mm 的颗粒；反复淘洗至清澈为止，将两个筛上留样和容器中洗净试样一并装入浅盘中，（105±5）℃烘干至恒重，冷却后称重（$m_1$）。

含泥量按式（3-13）计算（精确至 0.1%）：

$$\omega_c = \frac{m_0 - m_1}{m_0} \times 100 \tag{3-13}$$

式中　$m_0$——试验前的烘干试样质量，g；

$m_1$——试验后的烘干试样质量，g。

以两个试验的试验结果取算术平均值作为测定值，如两次结果之差超过 0.5%时，应重新取样进行试验，检测结果见表 3-27。

表 3-27 砂子的含泥量

Tab.3-27 Mud containing of sand

| 砂子产地 | $m_0$（g） | $m_1$（g） | $\omega_c$（%） | 平均值（%） |
|---|---|---|---|---|
| 磴口 | 400.0 | 392.7 | 1.8 | 1.8 |
| | 400.0 | 392.8 | 1.8 | |
| 临河 | 400.0 | 399.3 | 0.2 | 0.4 |
| | 400.0 | 397.7 | 0.6 | |
| 五原 | 400.0 | 398.3 | 0.4 | 0.4 |
| | 400.0 | 399.0 | 0.3 | |
| 前旗 | 400.0 | 359.4 | 10.2 | 10.4 |
| | 400.0 | 358.2 | 10.5 | |

注：前旗料场砂子的含泥量远高于规范要求（<3）

6．泥块含量

试验流程：

将烘干后的试样筛去 1.18mm 以下砂样后，取筛上砂样 200g（$m_1$）置于容器中，注入饮用水并高出砂面约 150mm，搅拌后浸泡 24h。用手在水中碾压泥块，将浑浊液倒入 0.6mm 筛上，滤去小于 0.6mm 的颗粒，反复淘洗，直至清澈为止；将筛上洗净试样小心移入浅盘中，烘干冷却至后称重（$m_2$）。

泥块含量按式（3-14）计算（精确至 0.1%）：

$$\omega_{c1} = \frac{m_1 - m_2}{m_1} \times 100 \qquad (3\text{-}14)$$

式中 $m_1$——试验前的烘干试样质量，g；

$m_2$——试验后的烘干试样质量，g。

以两个试验的试验结果取算术平均值作为测定值，如两次结果之差超过 0.4%时，应重新取样进行试验，取两次平行试验结果的算术平均值作为测定结果，检测结果见表 3-28。

表3-28 砂子的泥块含量

Tab.3-28 clay lump of sand

| 砂子产地 | $m_1$（g） | $m_2$（g） | $\omega_{c1}$（%） | 平均值（%） |
|---|---|---|---|---|
| 磴口 | 200 | 199.9 | 0.1 | 0.2 |
| | 200 | 199.6 | 0.2 | |
| 临河 | 200 | 199.5 | 0.3 | 0.3 |
| | 200 | 199.4 | 0.3 | |
| 五原 | 200 | 199.7 | 0.2 | 0.2 |
| | 200 | 199.8 | 0.1 | |
| 前旗 | 200 | 198.8 | 0.6 | 0.6 |
| | 200 | 198.8 | 0.6 | |

7. 有机物含量

试验的准备阶段：

（1）3%的氢氧化钠溶液：试验前配置好3%的氢氧化钠溶液，氢氧化钠与蒸馏水的质量比为3∶97。

（2）鞣酸标准溶液：取2g鞣酸溶解于98mL的10%酒精溶液中（无水乙醇10mL加蒸馏水90mL），即得所需鞣酸母液。然后取鞣酸母液25mL加入到975mL浓度为3%的氢氧化钠溶液中，加塞后剧烈摇动，静置24h即得鞣酸标准溶液。

试验流程：

（1）制备试样：用筛筛去4.75mm以上颗粒，用四分法取约500g试样，风干备用。

（2）加入3%氢氧化钠溶液，取风干砂约500g，向250mL量筒装入试样至130mL处，注入3%氢氧化钠溶液至200mL处，加塞后剧烈摇动，静置24h。

（3）与标液进行比色：比较试样上部溶液和标准溶液的颜色。

（4）结果评定：浅于标准溶液颜色标示合格，颜色接近时，将试样连同溶液一并倒入烧杯中，在60～70℃的水浴锅中加热2～3h，然后再与标准溶液比较，如浅于标准溶液颜色则认为合格；如深于标准颜色则需要进行强度对比试验。

（5）强度对比试验：将试样分成2份，1份用3%氢氧化钠溶液洗去有机质，再用清水冲洗干净，与未清洗试样一起，按相同配合比制备水泥砂浆，测定其28d的抗压强度。

（6）结果再评定：当未清洗试样的水泥砂浆抗压强度不低于洗后试样的水泥砂浆强度的 95%时，则可认为有机质含量合格。

试验结果：

经与标液进行比色，各组溶液颜色均浅于标准溶液颜色，故 4 个料场的砂子有机物含量均符合规范要求。

8．硫化物和硫酸盐含量试验

试验的准备阶段：

（1）10%的氯化钡溶液：称量 10g 氯化钡溶于 100mL 蒸馏水中。

（2）盐酸（1∶1）：浓盐酸与蒸馏水按 1∶1 体积比混合。

（3）1%硝酸银溶液（*W*/*V*）：称 1g 硝酸银溶于 100mL 蒸馏水中，再加入 10mL 硝酸，存于棕色瓶中。

试验流程：

（1）制备试样：取约 150g 风干试样，置于温度为 105℃烘箱中烘干至恒重，粉磨后通过 0.08mm 筛，冷却至室温，缩分至 10g 备用。

（2）称取烘干粉样（$G_0$）：称取粉状试样 1g（$G_0$）各一份，精确至 1mg。

（3）加盐酸，溶样：取一份试样置于 300mL 烧杯中，加入 20～30mL 水和 10mL 盐酸（1∶1），加热至微沸并保持 5min，使试样充分分解。

（4）过滤、洗涤：用中速滤纸过滤试液，并用温水洗涤 10～20 次，将滤液收集在烧杯中并调整溶液体积至 200mL。

（5）加 10%的氯化钡，静置：煮沸后，在搅拌时滴加 10mL10%的氯化钡溶液，继续煮沸数分钟（保持溶液在 200mL），取下静置 4h。

（6）过滤、洗涤：用定量滤纸过滤试液，用温水洗涤沉淀至无氯离反应（用 1%硝酸银溶液检验），将沉淀与滤纸一并移入瓷坩埚中。

（7）灼烧，称重（$G$）：将沉淀与滤纸移入已恒重瓷坩埚（$G_1$）中，灰化后在 800℃高温炉中灼烧 30min，置于干燥器中冷却至室温，称量（$G$），如此反复灼烧直至恒重。

（8）记录，计算结果。

砂子的水溶性硫化物、硫酸盐含量（以 $SO_3$ 计算）按式（3-15）计算（精确至 0.01%）：

$$Q_{SO_3}=\frac{(G-G_1)\times 0.343}{G_0}\times 100 \quad (3\text{-}15)$$

式中 $G_0$——试样质量，g；

$G_1$——瓷坩埚的质量，g；

$G$——灼烧后试样与坩埚的总质量，g；

0.343——$BaSO_4$换算成$SO_3$系数。

以平行两次试验结果的算术平均值作为测定值。两次结果的差值超过 0.15%时，应重做试验，检测结果见表 3-29。

表 3-29 砂子的硫酸盐含量

Tab.3-29 Sulfate content of sand

| 砂子产地 | $G_0$（g） | $G_1$（g） | $G$（g） | $Q_{SO_3}$（%） | 平均值（%） |
|---|---|---|---|---|---|
| 磴口 | 1.003 | 54.930 | 54.934 | 0.14 | 0.12 |
| | 1.003 | 54.920 | 54.923 | 0.10 | |
| 临河 | 1.003 | 17.900 | 17.903 | 0.10 | 0.12 |
| | 1.003 | 17.729 | 17.733 | 0.14 | |
| 五原 | 1.003 | 17.895 | 17.897 | 0.07 | 0.09 |
| | 1.003 | 17.845 | 17.848 | 0.10 | |
| 前旗 | 1.003 | 54.349 | 54.354 | 0.17 | 0.21 |
| | 1.003 | 54.376 | 54.383 | 0.24 | |

9．氯离子含量试验

试验的准备阶段：

（1）5%铬酸钾指示剂：称量 5g 铬酸钾，溶于 100mL 蒸馏水中。

（2）硝酸银标准液（0.01mol/L)：称 1.7g 硝酸银（分析纯）溶于 1L 蒸馏水中，摇匀并存于棕色瓶中，用 0.01mol/L 的氯化钠标液对其进行标定。

（3）氯化钠标准溶液（0.01mol/L)：将氯化钠（基准试剂）于 130～150℃烘干冷却后，准确称取 0.5845g 的氯化钠，用水稀释至 1L，摇匀。

（4）标准溶液的标定：吸取 20.00mL 氯化钠标准溶液，置于 250mL 锥形瓶中，加入 10 滴铬酸钾指示剂，用已配制的硝酸银标准溶液滴定至溶液刚呈砖红色，记录消耗的硝酸银标准液体积数。

试验流程：

（1）制备试样：取约2000g试样，置于温度为（105±5）℃的烘箱中烘干至恒重，冷却至室温后，缩分至各约600g试样两份备用。

（2）称取试样（$m$）：称取烘干后试样500g（$m$）各一份，精确至0.1g。

（3）装瓶、浸泡：取一份试样装入1L具塞磨口瓶中，加入500mL蒸馏水，盖上瓶塞，用力摇动一次后，静置2h。

（4）摇动3次后，过滤：放置2h后，每隔5min摇动瓶子一次，共摇动3次，使氯盐充分溶解。稍停将瓶口上部澄清的溶液过滤。

（5）用硝酸银标液滴定：移取50mL滤液到三角烧杯中，加入5%铬酸钾指示剂1mL，滴加0.01mol/L硝酸银标液至溶液呈砖红色，记录硝酸银标液消耗的体积（$V_1$）。

（6）空白试验：移取50mL蒸馏水到三角烧杯中，加入5%铬酸钾指示剂1mL，滴加0.01mol/L硝酸银标液至溶液呈砖红色，记录硝酸银标液消耗的体积（$V_2$）。

砂子的氯离子含量$\omega_{Cl}$按式（3-16）计算（精确至0.001%）：

$$\omega_{Cl}=\frac{C_{AgNO_3}(V_1-V_2)\times 35.5}{m} \tag{3-16}$$

式中 $C_{AgNO_3}$——硝酸银标准溶液的浓度，mol/L；

$m$——试样质量，g；

$V_1$——试样滴定时消耗的硝酸银标准溶液的体积，mL；

$V_2$——空白试验室时消耗的硝酸银标准溶液的体积，mL；

其中$C_{AgNO_3}$=0.011mol/L。以平行两次试验结果的算术平均值作为测定值检测结果，见表3-30。

表3-30 砂子的氯离子含量

Tab.3-30 Chloric ionic content of sand

| 砂子产地 | $m$（g） | $V_1$（mL） | $V_2$（mL） | $\omega_{Cl^-}$（%） | 平均值（%） |
|---|---|---|---|---|---|
| 磴口 | 500.0 | 5.13 | 1.11 | 0.003 | 0.003 |
| | 500.0 | 5.11 | 1.11 | 0.003 | |
| 临河 | 500.0 | 11.99 | 1.11 | 0.008 | 0.008 |
| | 500.0 | 11.86 | 1.11 | 0.008 | |

续表

| 砂子产地 | $m$（g） | $V_1$（mL） | $V_2$（mL） | $\omega_{Cl^-}$（%） | 平均值（%） |
|---|---|---|---|---|---|
| 五原 | 500.0 | 2.70 | 1.11 | 0.001 | 0.001 |
| | 500.0 | 2.70 | 1.11 | 0.001 | |
| 前旗 | 500.0 | 2.62 | 1.11 | 0.001 | 0.001 |
| | 500.0 | 2.59 | 1.11 | 0.001 | |

10．细骨料检测结果评定

表 3-31　砂子性能指标
Tab.3-31　Performance of sand

| 取样地点 | 表观密度（$g/cm^3$） | 堆积密度（$g/cm^3$） | 紧密密度（$g/cm^3$） | 含水率（%） | 含泥量（%） | 泥块含量（%） | 有机物 | 硫酸根离子（%） | 氯离子（%） | 级配区属 |
|---|---|---|---|---|---|---|---|---|---|---|
| 磴口 | 2630 | 1690 | 1780 | 0.5 | 1.8 | 0.2 | 合格 | 0.12 | 0.003 | Ⅱ区中砂 |
| 临河 | 2640 | 1620 | 1680 | 0.3 | 0.4 | 0.3 | 合格 | 0.12 | 0.008 | Ⅱ区中砂 |
| 五原 | 2650 | 1540 | 1590 | 0.1 | 0.4 | 0.2 | 合格 | 0.09 | 0.001 | Ⅱ区中砂 |
| 前旗 | 2680 | 1500 | 1570 | 1.4 | 10.4 | 0.6 | 合格 | 0.21 | 0.001 | Ⅱ区细砂 |

由表 3-12～表 3-31 和细度模数计算结果可以得出：磴口、临河、五原试验点砂子均属于Ⅱ区中砂，前旗试验点砂子属于Ⅱ区细砂，一般来说，混凝土用砂的细度模数范围在 3.7～1.6，以中砂为宜，前旗试验点砂子虽属于Ⅱ区细砂，但其细度模数接近Ⅱ区中砂，从级配的角度考虑，各料场砂差别不大。

### 3.2.4　粗骨料

粗骨料选自各试验点当地自产碎石，与细骨料为同一料场提供，检测流程主要按照《建筑材料检验手册》（ISBN：7-80227-084-7）进行，参考《建设用碎石卵石》（GB/T 14685－2011），对各试验点的石子进行检测分析。

粗细骨料的检测项目与流程基本相同，下面只列出各检测项目的数据结果，结果见表 3-32～表 3-43。

表 3-32 磴口石子颗粒级配

Tab.3-32 Stone grain composition of Deng kou

| 组别 | 粒径大小（mm） | 19 | 16 | 9.5 | 4.75 | 2.36 | 筛底 |
|---|---|---|---|---|---|---|---|
| 第一组 | 筛余量（g） | | | 759.2 | 1097.3 | 30.7 | 12.4 |
| | 百分率（%） | | | 40.0 | 57.8 | 1.6 | 0.7 |
| | 累计百分率（%） | | | 40 | 98 | 99 | 100 |
| 第二组 | 筛余量（g） | | | 678.1 | 1140.1 | 65.5 | 17.5 |
| | 百分率（%） | | | 35.7 | 60.0 | 3.4 | 0.9 |
| | 累计百分率（%） | | | 36 | 96 | 99 | 100 |

表 3-33 临河石子颗粒级配

Tab.3-33 Stone grain composition of Lin He

| 组别 | 粒径大小（mm） | 19 | 16 | 9.5 | 4.75 | 2.36 | 筛底 |
|---|---|---|---|---|---|---|---|
| 第一组 | 筛余量（g） | | | 784.9 | 1044.8 | 35.5 | 39.5 |
| | 百分率（%） | | | 41.3 | 55.0 | 1.9 | 2.1 |
| | 累计百分率（%） | | | 41 | 96 | 98 | 100 |
| 第二组 | 筛余量（g） | | | 866 | 972.7 | 27 | 37.5 |
| | 百分率（%） | | | 45.6 | 51.2 | 1.4 | 2.0 |
| | 累计百分率（%） | | | 46 | 97 | 98 | 100 |

表 3-34 五原石子颗粒级配

Tab.3-34 Stone grain composition of Wu Yuan

| 组别 | 粒径大小（mm） | 19 | 16 | 9.5 | 4.75 | 2.36 | 筛底 |
|---|---|---|---|---|---|---|---|
| 第一组 | 筛余量（g） | | | 105.9 | 1788.6 | 2.4 | 5.7 |
| | 百分率（%） | | | 5.6 | 94.1 | 0.1 | 0.3 |
| | 累计百分率（%） | | | 6 | 100 | 100 | 100 |
| 第二组 | 筛余量（g） | | | 98.4 | 1794.2 | 5.8 | 8.6 |
| | 百分率（%） | | | 5.2 | 94.4 | 0.3 | 0.5 |
| | 累计百分率（%） | | | 5 | 100 | 100 | 100 |

表 3-35 石子的表观密度试验

Tab.3-35 Apparent density of Stone

| 石子产地 | $G_1$（g） | $G_2$（g） | $G_3$（g） | $\alpha_t$ | $\rho$（kg/m$^3$） | 平均值（kg/m$^3$） |
|---|---|---|---|---|---|---|
| 磴口 | 1010.4 | 2114.1 | 1468.1 | 0.003 | 2770 | 2760 |
| | 1021.6 | 2119.0 | 1468.1 | | 2750 | |

续表

| 石子产地 | $G_1$（g） | $G_2$（g） | $G_3$（g） | $\alpha_t$ | $\rho$（kg/m³） | 平均值（kg/m³） |
|---|---|---|---|---|---|---|
| 临河 | 1000.2 | 2088.2 | 1468.1 | 0.003 | 2630（剔除） | 2660 |
| | 1000.2 | 2093.4 | 1468.1 | | 2660 | |
| | 1018.2 | 2103.4 | 1468.1 | | 2660 | |
| 五原 | 1019.4 | 2132.1 | 1468.1 | 0.003 | 2860 | 2860 |
| | 1021.6 | 2133.0 | 1468.1 | | 2860 | |
| 前旗 | 1102.2 | 2161.7 | 1468.1 | 0.003 | 2690 | 2690 |
| | 1082.9 | 2146.4 | 1468.1 | | 2680 | |

表 3-36 石子的堆积密度

Tab.3-36 The bulk density of stone

| 石子产地 | $G_2$-$G_1$（kg） | $V$（L） | $\rho$（kg/m³） | 平均值（kg/m³） |
|---|---|---|---|---|
| 磴口 | 2.735 | 1.85 | 1480 | 1480 |
| | 2.710 | 1.85 | 1470 | |
| 临河 | 13.365 | 9.13 | 1460 | 1460 |
| | 13.305 | 9.13 | 1460 | |
| 五原 | 12.865 | 9.13 | 1410 | 1420 |
| | 13.005 | 9.13 | 1420 | |
| 前旗 | 12.965 | 9.13 | 1420 | 1430 |
| | 13.015 | 9.13 | 1430 | |

表 3-37 石子的紧密密度

Tab.3-37 Tight density of stone

| 石子产地 | $G_2$-$G_1$（kg） | $V$（L） | $\rho$（kg/m³） | 平均值（kg/m³） |
|---|---|---|---|---|
| 磴口 | 2.855 | 1.85 | 1540 | 1540 |
| | 2.835 | 1.85 | 1530 | |
| 临河 | 13.96 | 9.13 | 1530 | 1540 |
| | 14.025 | 9.13 | 1540 | |
| 五原 | 13.895 | 9.13 | 1520 | 1530 |
| | 13.920 | 9.13 | 1530 | |
| 前旗 | 14.19 | 9.13 | 1550 | 1550 |
| | 14.145 | 9.13 | 1550 | |

表 3-38 石子的含水率试验

Tab.3-38 The water content of stone

| 石子产地 | $m_1$（g） | $m_2$（g） | $m_3$（g） | $\omega_{wc}$（%） | 平均值(%) |
|---|---|---|---|---|---|
| 磴口 | 224.8 | 2230.3 | 2223.7 | 0.3 | 0.4 |
| | 238.7 | 2241.4 | 2233.8 | 0.4 | |
| 临河 | 0（去皮称量） | 2176.3 | 2167.8 | 0.4 | 0.5 |
| | 0（去皮称量） | 2101 | 2091.3 | 0.5 | |
| 五原 | 255.6 | 2269.9 | 2265 | 0.2 | 0.3 |
| | 360.5 | 2368.5 | 2363.3 | 0.3 | |
| 前旗 | 224.7 | 2230 | 2226 | 0.2 | 0.2 |
| | 238.7 | 2240.8 | 2236.9 | 0.2 | |

表 3-39 石子的含泥量

Tab.3-39 Mud containing of stone

| 石子产地 | $m_0$（g） | $m_1$（g） | $Q_a$（%） | 平均值（%） |
|---|---|---|---|---|
| 磴口 | 1000.3 | 996.2 | 0.4 | 0.5 |
| | 1010.0 | 1004.9 | 0.5 | |
| 临河 | 3000.6 | 2987.9 | 0.4 | 0.4 |
| | 3019.8 | 3007.7 | 0.4 | |
| 五原 | 1001.2 | 998 | 0.3 | 0.4 |
| | 1013.2 | 1008.9 | 0.4 | |
| 前旗 | 1386.8 | 1376.9 | 0.7 | 0.7 |
| | 1326.8 | 1317.5 | 0.7 | |

表 3-40 石子的泥块含量

Tab.3-40 clay lump of stone

| 石子产地 | $m_0$（g） | $m_1$（g） | $Q_b$（%） | 平均值（%） |
|---|---|---|---|---|
| 磴口 | 1000.9 | 997.4 | 0.3 | 0.4 |
| | 1024.1 | 1019.7 | 0.4 | |
| 临河 | 1286.4 | 1279.5 | 0.5 | 0.5 |
| | 1250.5 | 1244.5 | 0.5 | |
| 五原 | 1004.4 | 1003.1 | 0.1 | 0.2 |
| | 1014.0 | 1212.3 | 0.2 | |
| 前旗 | 1001.1 | 993.1 | 0.8 | 0.9 |
| | 1017.6 | 1008.2 | 0.9 | |

表 3-41　石子的硫化物含量

Tab.3-41　Sulfate content of stone

| 石子产地 | $G_0$（g） | $G_1$（g） | $G$（g） | $\omega_{SO_3}$（%） | 平均值（%） |
|---|---|---|---|---|---|
| 磴口 | 1.000 | 17.894 | 17.897 | 0.10 | 0.10 |
| | 1.000 | 57.653 | 57.656 | 0.10 | |
| 临河 | 1.000 | 57.653 | 57.657 | 0.14 | 0.16 |
| | 1.000 | 17.894 | 17.899 | 0.17 | |
| 五原 | 1.000 | 54.932 | 54.938 | 0.21 | 0.19 |
| | 1.000 | 57.654 | 57.659 | 0.17 | |
| 前旗 | 1.000 | 57.653 | 57.661 | 0.27 | 0.24 |
| | 1.000 | 17.893 | 17.899 | 0.21 | |

表 3-42　石子的压碎指标

Tab.3-42　Crushed stone index

| 石子产地 | $G_0$（g） | $G_1$（g） | $Q_e$（%） | 平均值（%） |
|---|---|---|---|---|
| 磴口 | 3000.0 | 2799.4 | 6.7 | 6.7 |
| | 3000.0 | 2799.0 | 6.7 | |
| 临河 | 3004.2 | 2742.8 | 8.7 | 8.2 |
| | 3005.2 | 2777.6 | 7.6 | |
| 五原 | 3000.1 | 2735.6 | 8.8 | 8.9 |
| | 3002.3 | 2731.4 | 9.0 | |
| 前旗 | 3009.2 | 2549.2 | 15.3 | 15.2 |
| | 3010.0 | 2557.3 | 15.0 | |

表 3-43　石子的性能指标

Tab.3-43　Performance of stone

| 取材地点 | 表观密度（$kg/m^3$） | 堆积密度（$kg/m^3$） | 紧密密度（$kg/m^3$） | 含水率（%） | 含泥量（%） | 泥块含量（%） | 硫酸盐含量（%） | 石子压碎指标（%） |
|---|---|---|---|---|---|---|---|---|
| 磴口 | 2760 | 1480 | 1540 | 0.4 | 0.5 | 0.4 | 0.10 | 6.7 |
| 临河 | 2660 | 1460 | 1540 | 0.5 | 0.4 | 0.5 | 0.16 | 8.2 |
| 五原 | 2860 | 1420 | 1530 | 0.3 | 0.4 | 0.2 | 0.19 | 8.9 |
| 前旗 | 2690 | 1430 | 1550 | 0.2 | 0.7 | 0.9 | 0.24 | 15.2 |

### 3.2.5 其他试验材料

1. 试验用水

试验用水原取自各试验点所在地，在取样过程中，发现部分地区地表有土地盐碱化现象，对当地多个渠道、闸口的地下水系进行取样检测。检测结果见表 3-44。

表 3-44 水样检测结果
Tab.3-44 Result of water analysis

| 取样地点 | pH | 可溶物（g/L） | 不可溶物（mg/L） | $SO_4^{2-}$（mg/L） | $Cl^-$（mg/L） |
|---|---|---|---|---|---|
| 限值 | ≥5.0 | ≤2 | ≤2000 | ≤600 | ≤500 |
| 敖伦布拉格镇 | 8.160 | 1.313 | 34.34 | 170.40 | 395.05 |
| 乌兰布和二分厂 | 8.808 | 1.053 | 8.00 | 293.88 | 168.74 |
| 纳林套沟七分厂 | 8.829 | 0.739 | 24.00 | 228.44 | 137.97 |
| 一干渠渠内水 | 8.392 | 0.484 | 34.00 | 220.41 | 86.36 |
| 长济渠一闸 | 8.563 | 0.835 | 36.00 | 243.26 | 134.00 |
| 长济渠三闸 | 9.076 | 0.914 | 42.00 | 209.09 | 99.76 |
| 长济渠五闸 | 8.334 | 0.655 | 24.00 | 159.29 | 200.51 |
| 沙河一闸 | 7.575 | 0.867 | 4.00 | 100.84 | 155.59 |
| 广泽渠 | 8.052 | 1.376 | 3.33 | 330.11 | 388.11 |
| 复兴渠 | 8.169 | 0.660 | 8.00 | 145.29 | 72.46 |
| 皂火渠一闸下 | 8.056 | 1.704 | 32.33 | 308.70 | 380.17 |
| 沙河化保闸 | 7.816 | 0.676 | 14.67 | 160.94 | 94.30 |
| 皂火管理所 | 8.193 | 1.132 | 22.67 | 298.41 | 179.41 |
| 沙河乌北一闸 | 7.615 | 3.491 | 109.00 | 611.16 | 187.46 |

2. 外加剂

外加剂采用内蒙古荣升达新材料有限责任公司生产的复合型聚羧酸高性能减水剂。具有引气、减水的效果。其质量符合现行国家标准《混凝土外加剂应用技术规范》（GB 50119－2013），检测结果见表 3-45。

表 3-45　外加剂检测结果

Tab.3-45　Admixture of water analysis

| 试验项目 | | 标准要求 | | 实测结果 |
|---|---|---|---|---|
| | | I | II | |
| 减水率（%） | | ≥25 | ≥18 | 23 |
| 泌水率比（%） | | ≤60 | ≤70 | 55 |
| 含气量（%） | | ≤6.0 | ≤6.0 | 5.7 |
| 凝结时间差（min） | 初凝 | -90～+120 | | 80 |
| | 终凝 | | | 110 |
| 抗压强度比（%） | 3d | ≥160 | ≥140 | 150 |
| | 7d | ≥150 | ≥130 | 140 |
| | 28d | ≥130 | ≥120 | 130 |
| 收缩率比（%） | | ≤100 | ≤120 | 100 |

## 3.3　模袋混凝土配合比优化设计

### 3.3.1　模袋混凝土对配合比的特殊要求

考虑到模袋混凝土的自身的特点，除了应满足普通混凝土的设计要求外，还要求具有良好的工作性，亦即混凝土流动性好、坍落度大、黏聚性好、无泌水、无离析、无板结、均匀性好、可泵送[31]-[36]。配制模袋混凝土的技术途径：普通硅酸盐水泥+掺合料+外加剂。

考虑以上特性，为控制成本，在以胶凝材料最小用量作为控制指标的情况下，采用普通硅酸盐水泥有利于模袋混凝土的抗冻性能以及泵送要求[37]。

本试验矿物掺和料选用粉煤灰，粉煤灰是一种含有硅、铝氧化物的火山灰质材料，能够填充混凝土拌和物中的毛细孔及其他孔隙，对混凝土的保水性有明显的提高作用。在设计模袋混凝土时，如果用一部分粉煤灰代替水泥，可以使混凝土流动黏滞阻力屈服值显著下降，但塑性黏度却不因粉煤灰的掺入而发生变化。由此可知，一定量的粉煤灰对改善模袋混凝土的可泵性和流动性具有积极作用。同时，粉煤灰相对水泥具有成本优势，在不影响工作性的前提下，尽可能多地使用粉煤灰还可以大幅度降低工程成本[38]-[41]。

掺用一定量的复合型外加剂，也是在配制泵送混凝土时必不可少的。复合型外加剂与活性粉煤灰的复合作用，可以明显改善混凝土的工作性、流动性，大幅度增加坍落度，可达到220mm及以上。在自重作用下能够促进模袋混凝土的填充性能，达到自密实；表现出良好的均匀性和稳定性，不易产生收缩裂缝，而且混凝土的初凝时间较长，终凝时间较短，适当的初期水化抑制作用，不但不会影响混凝土早期强度，反而能提高混凝土早期强度。因此，可以根据具体条件，控制缓凝成分的剂量[42][43]。

根据《普通混凝土配合比设计规程》（JGJ 55－2011），当水胶比＞0.40时，最小胶凝材料用量不宜小于320kg/m$^3$，粉煤灰掺入量不宜超过胶凝材料的40%，过量的粉煤灰对混凝土抗冻性能不利，应使用引气剂。引气剂可以有效改善混凝土的抗冻性，但掺加量不宜过大，否则会影响混凝土的强度，一般含气量控制在5.5%～7.0%[37]。

因为模袋混凝土有泵送要求，配置泵送混凝土的基本方法是在混凝土中掺加一定量的减水剂和粉煤灰，胶凝材料的用量不能过少，过大的水胶比则会产生浆体过稀、黏度不足、混凝土离析等问题，水胶比过低易导致浆体不足，混凝土中的骨料相对过多，以上均都不利于混凝土的泵送。一般来说，泵送混凝土在考虑坍落度经时损失的条件下，还应控制砂率在35%～45%[37]。

### 3.3.2 可供参考的现役模袋混凝土配合比

从2005年起截至2014年5月，河套灌区沈乌灌域的一干渠、总干渠、丰济渠、沙河渠和南边分干渠5处的模袋混凝土衬渠已浇筑完成并投入使用。5处各标段现役模袋混凝土配合比见表3-46。

由表3-46可知，干渠各标段模袋混凝土拌和物的质量均控制在2400kg/m$^3$左右，其中胶凝材料用量为370～390kg/m$^3$，除总干渠未使用粉煤灰以外，其余各组粉煤灰用量占15%～20%，均符合相关设计标准；为满足模袋混凝土较好的流动性，水胶比都控制在0.45～0.5，砂率设计在45%左右，其中，总干渠为最早施工，未使用减水剂，故总干渠水灰比相对较大，其余各干渠使用的减水剂为萘系减水剂，该系减水剂外观为褐黄色粉末，对混凝土有显著的早强、增强效果，强度提高效果明显，一般可提高 20%～60%，在混凝土强度和坍落度基本相同时，可减少水泥用量 10%～25%，掺加范围一般为 1%～3%。除一干渠一、四标段配合比使用千峰牌水泥外，其余各标段水泥均选用蒙西牌。

表 3-46 现役模袋混凝土配合比

Tab.3-46 Mix proportion of active duty concrete

| 取样地点 | | 材料名称 | | | | | | |
|---|---|---|---|---|---|---|---|---|
| | | 水泥 | 粉煤灰 | 砂子 | 石子 | 水 | 萘系减水剂 | 水胶比 |
| 磴口 | 一干渠一标段 | 325（千峰） | 72 | 757 | 1007 | 195 | 4 | 0.49 |
| | 一干渠二标段 | 322 | 57 | 768 | 1027 | 188 | 3.8 | 0.50 |
| | 一干渠三标段 | 315 | 58 | 765 | 1025 | 190 | 9.6 | 0.51 |
| | 一干渠四标段 | 312（千峰） | 57 | 787 | 1045 | 189 | 9.6 | 0.51 |
| 临河 | 南边渠二标段 | 320 | 68 | 807 | 1093 | 178 | 9.7 | 0.46 |
| | 南边渠三标段 | 323 | 68 | 806 | 1055 | 177 | 9.7 | 0.45 |
| 五原 | 沙河渠 | 320 | 68 | 807 | 1093 | 178 | 9.7 | 0.46 |
| | 丰济渠 | 310 | 75 | 860 | 932 | 178 | 12 | 0.46 |
| 前旗 | 总干渠 | 282 | — | 807 | 1290 | 180 | — | 0.64 |

磴口的 4 个标段的配合比可进行组内对比，一、四标段和二、三标段可分别研究减水剂掺量对模袋混凝土使用性能的影响，而一、二标段和三、四标段可研究所用水泥不同对其性能影响；同时，各标段间配合比用量相差不大，可供不同原材料对模袋混凝土性能的影响研究。

### 3.3.3 现役模袋混凝土的取样检测

有了各试验点的相关配合比，就可以对各地点的模袋混凝土进行检测分析，采用钻芯取样法检测。利用钻芯法对模袋混凝土进行检测，是国外推行、适用广泛的一种半破损性检测方法，取样依据《钻芯法检测混凝土强度技术规程》（CECS 03:2007）进行，在所需取样的试验点，每隔3～5m，按折线形随机钻取试样，各标段取样数不少于18个。现役模袋混凝土取样加工如图3-6所示。

图3-6 取样及加工

Fig.3-6 Sampling and sample processing

对取回的试样进行切割、清洗，依据规范《普通混凝土力学性能试验方法标准》（GB/T 50081－2002）和《普通混凝土长期性能和耐久性能试验方法标准》（GB/T 50082－2009）对各取样地的模袋混凝土强度以及抗冻性进行检测。

### 3.3.4 检测结果分析

经检测，各取样地的现役模袋混凝土强度值部分地区达到设计要求（C20），而抗冻性能均不满足设计要求（F200），检测结果见表3-47，试分析原因如下：

表 3-47　检测结果
Tab.3-47　Testing results

| 序号 | 地点 | 强度值（MPa） | 冻融破坏次数 |
|---|---|---|---|
| 磴口 | 一干渠一标段 | 15.4 | 25 |
| | 一干渠二标段 | 21.2 | 25 |
| | 一干渠三标段 | 21.5 | 25 |
| | 一干渠四标段 | 17.2 | 25 |
| 临河 | 南边渠二标段 | 12.9 | 100 |
| | 南边渠三标段 | 28.2 | 75 |
| 五原 | 沙河渠 | 15.6 | 50 |
| | 丰济渠 | 20.7 | 25 |
| | 总干渠 | 17.5 | 50 |

首先观察各取样点的配合比，无论从各原材料的用量上，还是从水灰比、砂率上看，各取样点均差别不大，而造成强度差异的主要原因可能是原材料本身，如水泥、粉煤灰等材料的质量，砂子、石子的含泥量、颗粒级配等。

对比磴口 4 个标段的强度，可以看出，使用千峰水泥的一、四标段强度值较二、三标段低，且未达到设计要求，由此可知，所用的蒙西水泥较千峰水泥质量更优，同时四个标段的抗冻性均未达到设计要求，表明减水剂加入量的多少对其抗冻性能几乎无影响；临河两个标段强度差别较大而抗冻性能差别不大，应从原材料的质量以及施工规范程度的角度考虑，五原三个标段也出现类似现象；总干渠未掺加粉煤灰，强度及抗冻性受水灰比影响。

总体上看，各试验点抗冻性能普遍较差，主要原因在于模袋混凝土需要较好的流动性，各标段的配合比相对普通混凝土具有较大的水胶比，萘系减水剂虽具有较高的减水率，但不具备引气效果，导致整体抗冻性较差，混凝土坍落度经时损失较大，0.5h 坍落度损失近 40%，这必将对其减水效果造成影响，一旦在运输、浇筑过程中出现混凝土调配不合理、浇筑窝工等现象，很容易产生堵管涨管、泌水分层等问题，以至于部分区域的模袋混凝土在施工浇筑过程中可能存在中途加水现象，无形中增大了水灰比，极易使模袋混凝土的浇筑不均匀、产生泌浆离析，直接影响其使用寿命。

同时萘系减水剂为褐黄色粉末，在配置过程中一旦发生混合不充分、拌和不均匀等现象，也将影响其减水能力，故萘系减水剂适合配合引气剂一起使用，不宜单独使用。未添加引气剂，无法在混凝土结构中产生、存在大量微小气泡，在温度降低的时候，水更容易进入结构内部，发生冻胀破坏。

### 3.3.5 模袋混凝土配合比的优化设计

根据模袋混凝土的特殊性以及上文对已有配合比的分析参考，现对各试验点模袋混凝土的配合比进行优化设计。

首先采用质量法，按式（3-17）对模袋混凝土的配合比进行设计：

$$m_{f0}+m_{c0}+m_{g0}+m_{s0}+m_{w0}=m_{cp} \tag{3-17}$$

式中 $m_{f0}$——每立方米混凝土中矿物掺合料用量，kg/m³；

$m_{g0}$——每立方米混凝土的粗骨料用量，kg/m³；

$m_{c0}$——计算配合比每立方米混凝土中水泥用量，kg/m³；

$m_{s0}$——每立方米混凝土的细骨料用量，kg/m³；

$m_{w0}$——每立方米混凝土的用水量，kg/m³；

$m_{cp}$——每立方米混凝土拌和物的假定质量，kg/m³。

先假定每立方米模袋混凝土拌和物的用量为 2350kg/m³，根据模袋混凝土的特殊工作要求，需要较大流动性这一特点，水胶比暂定为 0.5，考虑到抗冻性与实用性，胶凝材料暂定 340kg/m³，粉煤灰掺量初步定为胶凝材料的 25%，即粉煤灰 85kg/m³，水泥 255kg/m³，用水量 170kg/m³，设计砂率 45%，复合型聚羧酸高性能引气减水剂胶为凝材料的 2%，即 6.8kg/m³，得到基准配合比见表 3-48。

表 3-48 基准配合比

Tab.3-48 Reference mix proportion

| 强度等级 | 每 1m³ 混凝土材料用量（kg） | | | | | | |
|---|---|---|---|---|---|---|---|
| | 水泥 | 粉煤灰 | 砂 | 石子 | 水 | 高效引气减水剂 | 水灰比 |
| C20 | 255 | 85 | 828 | 1012 | 170 | 6.4 | 0.5 |

### 3.3.6 混凝土配合比的试配、调整

相比萘系减水剂，聚羧酸系减水剂的减水率更高，在相同减水率的情况下，聚羧酸减水剂的掺量远低于萘系减水剂；聚羧酸系减水剂的保塌性明显优于萘系

减水剂，用聚羧酸减水剂配制的大流动性混凝土在 1h 左右仍能达到泵送要求；萘系减水剂会对环境造成污染，而聚羧酸减水剂无毒、无腐蚀，对环境无污染，因此，本试验选用聚羧酸系减水剂。

在基准配合比的基础上，先将水胶比固定，采用适当的胶凝材料用量，主要通过调整外加剂用量，使其具有一定的含气量，满足混凝土拌和物坍落度及和易性等要求。

使用 4 个试验地点的原材料分别进行试配，经过试配调整，通过坍落度试验，确定表观好，不密水、不离析，气泡小而密且均匀，坍落度达到 200mm 及以上，1h 后坍落度余量均不小于 180mm，配置各组配合比的初始含气量在 8%左右，0.5h 后仍能达到 6%左右。

经过试验调整，得到各个试验地点调整后的基准配合比，见表 3-49～表 3-52。

表 3-49　磴口基准配合比

Tab.3-49　Reference mix proportion of Deng kou

| 材料种类 | 胶凝材料 | | 砂 | 碎石 | 水 | 外加剂 | 水灰比 | 砂率 |
|---|---|---|---|---|---|---|---|---|
| | 水泥 | 粉煤灰 | | | | | | |
| 每方用量 | 255 | 85 | 800 | 1017 | 170 | 8.84 | 0.50 | 44% |
| 材料用量比 | 1.00 | | 2.35 | 2.99 | 0.5 | 0.026 | | |

表 3-50　临河基准配合比

Tab.3-50　Reference mix proportion of Lin He

| 材料种类 | 胶凝材料 | | 砂 | 碎石 | 水 | 外加剂 | 水灰比 | 砂率 |
|---|---|---|---|---|---|---|---|---|
| | 水泥 | 粉煤灰 | | | | | | |
| 每方用量 | 255 | 85 | 836 | 981 | 170 | 6.8 | 0.50 | 46% |
| 材料用量比 | 1.00 | | 2.46 | 2.89 | 0.5 | 0.02 | | |

表 3-51　五原基准配合比

Tab.3-51　Reference mix proportion of Wu Yuan

| 材料种类 | 胶凝材料 | | 砂 | 碎石 | 水 | 外加剂 | 水灰比 | 砂率 |
|---|---|---|---|---|---|---|---|---|
| | 水泥 | 粉煤灰 | | | | | | |
| 每方用量 | 255 | 85 | 872 | 945 | 170 | 9.52 | 0.50 | 48% |
| 材料用量比 | 1.00 | | 2.56 | 2.78 | 0.5 | 0.028 | | |

表 3-52 前旗基准配合比

Tab.3-52 Reference mix proportion of Qian Qi

| 材料种类 | 胶凝材料 | | 砂 | 碎石 | 水 | 外加剂 | 水灰比 | 砂率 |
|---|---|---|---|---|---|---|---|---|
| | 水泥 | 粉煤灰 | | | | | | |
| 每方用量 | 255 | 85 | 886 | 1025 | 170 | 6.8 | 0.50 | 46% |
| 材料用量比 | 1.00 | | 2.61 | 3.01 | 0.5 | 0.02 | | |

### 3.3.7 试件的制备

根据钱觉时[46]提出的粉煤灰掺量不同对混凝土的影响情况，可分为以下三类：

（1）当掺量为 20%及以下时，粉煤灰的作用主要是改善混凝土性能，我国粉煤灰替代水泥的掺入量一般控制在 15%左右，既可以改善混凝土的性能，又不会对其早期强度造成明显影响。

（2）当掺量为 20%～40%时，可以有效降低成本，同时又可以改善混凝土的部分性能，通常情况下，显著改善其流动性与和易性，但是其抗冻性能将会受到影响。

（3）当掺量在 40%及以上时，可大幅度降低成本，一般用于功能要求较少，或是有特殊功能要求的混凝土，如混凝土防渗墙、筑坝建设等。

为了确定当前配合比的可行性，以及对其耐久性能等其他性能作出更进一步的研究，在以上配合比其他条件不变的情况下，通过改变粉煤灰占总胶凝的掺量，即 25%、30%、35%、40%、50%，共设计 5 组不同粉煤灰掺量的配合比。按各试验点首字母及粉煤灰的掺量由少到多分别编号磴口（D）、临河（L）、五原（W）、前旗（Q），见表 3-53～表 3-56。

表 3-53 磴口配合比

Tab.3-53 Mix proportion of Deng kou

| 编号 | 水泥 | 粉煤灰 | 砂子 | 石子 | 水 | 外加剂 | 水灰比 | 砂率（%） |
|---|---|---|---|---|---|---|---|---|
| D1 | 255 | 85 | 800 | 1017 | 170 | 8.84 | 0.5 | 44 |
| D2 | 238 | 102 | 800 | 1017 | 170 | 8.84 | 0.5 | 44 |
| D3 | 221 | 119 | 800 | 1017 | 170 | 8.84 | 0.5 | 44 |
| D4 | 204 | 136 | 800 | 1017 | 170 | 8.84 | 0.5 | 44 |
| D5 | 170 | 170 | 800 | 1017 | 170 | 8.84 | 0.5 | 44 |

表 3-54　临河配合比
Tab.3-54　Mix proportion of Lin He

| 编号 | 水泥 | 粉煤灰 | 砂子 | 石子 | 水 | 外加剂 | 水灰比 | 砂率(%) |
|---|---|---|---|---|---|---|---|---|
| L1 | 255 | 85 | 909 | 909 | 187 | 10 | 0.55 | 50 |
| L2 | 238 | 102 | 909 | 909 | 187 | 10 | 0.55 | 50 |
| L3 | 221 | 119 | 909 | 909 | 187 | 10 | 0.55 | 50 |
| L4 | 204 | 136 | 909 | 909 | 187 | 10 | 0.55 | 50 |
| L5 | 170 | 170 | 909 | 909 | 187 | 10 | 0.55 | 50 |

表 3-55　五原配合比
Tab.3-55　Mix proportion of Wu Yuan

| 编号 | 水泥 | 粉煤灰 | 砂子 | 石子 | 水 | 外加剂 | 水灰比 | 砂率(%) |
|---|---|---|---|---|---|---|---|---|
| W1 | 255 | 85 | 909 | 909 | 187 | 10 | 0.55 | 50 |
| W2 | 238 | 102 | 909 | 909 | 187 | 10 | 0.55 | 50 |
| W3 | 221 | 119 | 909 | 909 | 187 | 10 | 0.55 | 50 |
| W4 | 204 | 136 | 909 | 909 | 187 | 10 | 0.55 | 50 |
| W5 | 170 | 170 | 909 | 909 | 187 | 10 | 0.55 | 50 |

表 3-56　前旗配合比
Tab.3-56　Mix proportion of Qian Qi

| 编号 | 水泥 | 粉煤灰 | 砂子 | 石子 | 水 | 外加剂 | 水灰比 | 砂率(%) |
|---|---|---|---|---|---|---|---|---|
| Q1 | 255 | 85 | 909 | 909 | 187 | 10 | 0.55 | 50 |
| Q2 | 238 | 102 | 909 | 909 | 187 | 10 | 0.55 | 50 |
| Q3 | 221 | 119 | 909 | 909 | 187 | 10 | 0.55 | 50 |
| Q4 | 204 | 136 | 909 | 909 | 187 | 10 | 0.55 | 50 |
| Q5 | 170 | 170 | 909 | 909 | 187 | 10 | 0.55 | 50 |

## 3.4　本章小结

（1）通过对选取的磴口、临河、五原、前旗 4 个试验点的原材料进行检测分析，可以看出各试验点原材料的理化性状不尽相同，其中，通过对比，所选取的蒙西、千峰、草原三种品牌的普通硅酸盐水泥中，蒙西牌水泥的性能要优于其他两者，故在模袋混凝土的配合比设计中，选取该品牌的水泥进行设计。

（2）其余原材料中前旗试验点的砂子含泥量超出限值要求，查询相关文献可知砂子的含泥量过大（≥3），会对混凝土的抗压强度造成影响，故将前旗试验点作为其他试验点的对比试验，其他原材料满足《普通混凝土配合比设计规程》（JGJ 55－2011）中对原材料的要求，符合混凝土对所用拌和物的要求。

（3）粉煤灰具有形态效应、微集料效应、活性效应等三大效应。既有正面积极的效应，又有负面消极的效应。正面粉煤灰可以改善模袋混凝土的性能，提高和易性，降低水化热，减少裂缝，对混凝土后期强度的增加起到促进作用，同时掺入一定量的粉煤灰还能有效地降低成本。而负面粉煤灰会减缓混凝土早期强度的增长，对其抗冻性能也有不利影响，所以，一定量的粉煤灰，需配合引气剂使用。

# 第 4 章　模袋混凝土力学性能试验研究

## 4.1　试验概况

对按第 3 章各组设计好的配合比和制备好的试件，按照《普通混凝土力学性能试验方法标准》（GB/T 50081－2002）进行力学性能试验，采用尺寸 100mm×100mm×100mm 的立方体试件，试件成型脱模后，放入标准养护箱中养护，分别测试 7d、28d 的立方体抗压强度，每个配合比 6 块，每个龄期 3 块，每个试验点 5 组配合比，共计试件 120 块。

## 4.2　立方体抗压强度试验

### 4.2.1　立方体抗压强度试验结果

各组试件养护至测试日期后取出，进行立方体抗压强度试验，试验使用连续均匀加载，加载速率 3～5m/s，具体试验数据见表 4-1～表 4-4。

表 4-1　磴口立方体抗压强度

Tab.4-1　Cubic compression strength of Deng kou

| 立方体抗压强度（MPa） | 粉煤灰掺量（%） | | | | |
|---|---|---|---|---|---|
| | 25 | 30 | 35 | 40 | 50 |
| 7d | 23.3 | 19.6 | 18.3 | 17.4 | 15.0 |
| 28d | 28.2 | 27.2 | 24.3 | 23.2 | 21.9 |

表 4-2 临河立方体抗压强度
Tab.4-2 Cubic compression strength of Lin He

| 立方体抗压强度（MPa） | 粉煤灰掺量（%） | | | | |
|---|---|---|---|---|---|
| | 25 | 30 | 35 | 40 | 50 |
| 7d | 24.0 | 18.9 | 18 | 17.8 | 12.4 |
| 28d | 27.1 | 27.2 | 24.9 | 21.9 | 18.3 |

表 4-3 五原立方体抗压强度
Tab.4-3 Cubic compression strength of Wu Yuan

| 立方体抗压强度（MPa） | 粉煤灰掺量（%） | | | | |
|---|---|---|---|---|---|
| | 25 | 30 | 35 | 40 | 50 |
| 7d | 21.8 | 17.9 | 17 | 16.7 | 13.9 |
| 28d | 26.1 | 25.8 | 23.4 | 21.1 | 18.2 |

表 4-4 前旗立方体抗压强度
Tab.4-4 Cubic compression strength of Qian Qi

| 立方体抗压强度（MPa） | 粉煤灰掺量（%） | | | | |
|---|---|---|---|---|---|
| | 25 | 30 | 35 | 40 | 50 |
| 7d | 18.9 | 15.8 | 14.2 | 12.6 | 9.4 |
| 28d | 22.9 | 21.9 | 18.4 | 13.8 | 13.2 |

### 4.2.2 立方体抗压强度试验结果分析

由图 4-1～图 4-10 可知，粉煤灰的掺加量对混凝土的抗压强度具有一定的影响，一定范围内，粉煤灰掺量越少，试件的抗压强度越高，当粉煤灰掺加量为 25%时，试件的 7d 抗压强度最大，随着粉煤灰掺加量的增加，试件强度呈现出降低的趋势，且掺加量越大，下降趋势越明显，当替代量达到 50%时，强度已不足 15MPa，28d 强度呈现相同趋势，当粉煤灰的替代量过大，超过 40%的时候，已不能满足设计要求；同时，掺入量在 30%～40%范围内，7d 强度基本无变化，说明前期粉煤灰仅在一定程度上对试件的强度产生影响；对比 28d 强度可知，粉煤灰替代一定量的水泥，将会影响试件的早期强度。

同时，磴口试验点的强度要好于其他试验点，而前旗试验点的强度相对较差，究其原因，为所用原材料的性状差异所致，磴口试验点的骨料级配良好，而前旗试验点骨料含泥量过大，导致强度值过低，这也说明了原材料的选取对模袋混凝土工作性能的重要影响。

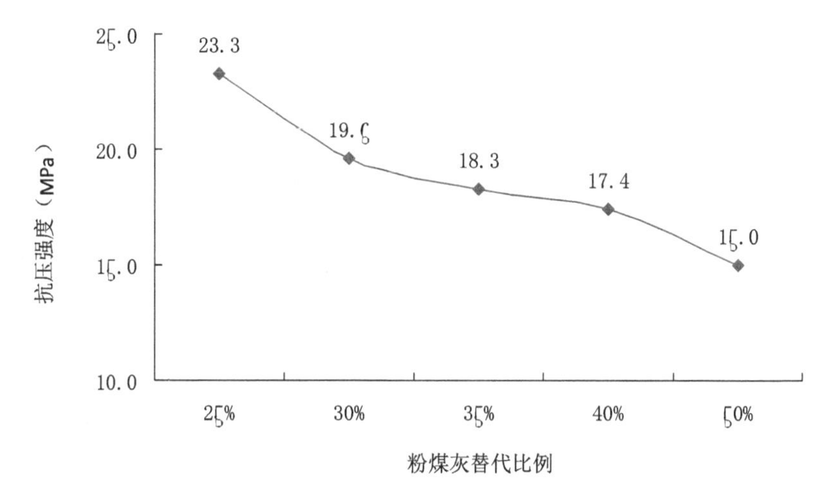


图 4-1　磴口试验点 7d 立方体抗压强度

Fig.4-1　Cubic compression strength of Deng Kou 7d

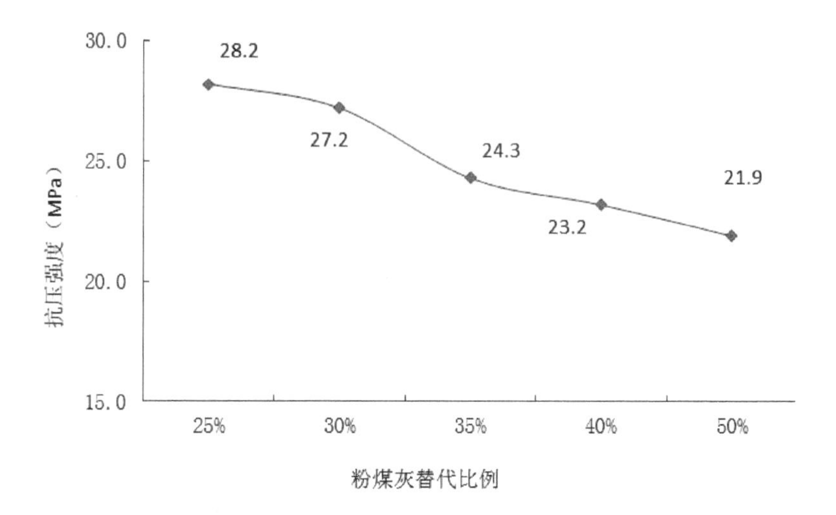


图 4-2　磴口试验点 28d 立方体抗压强度

Fig.4-2　Cubic compression strength of Deng Kou 28d

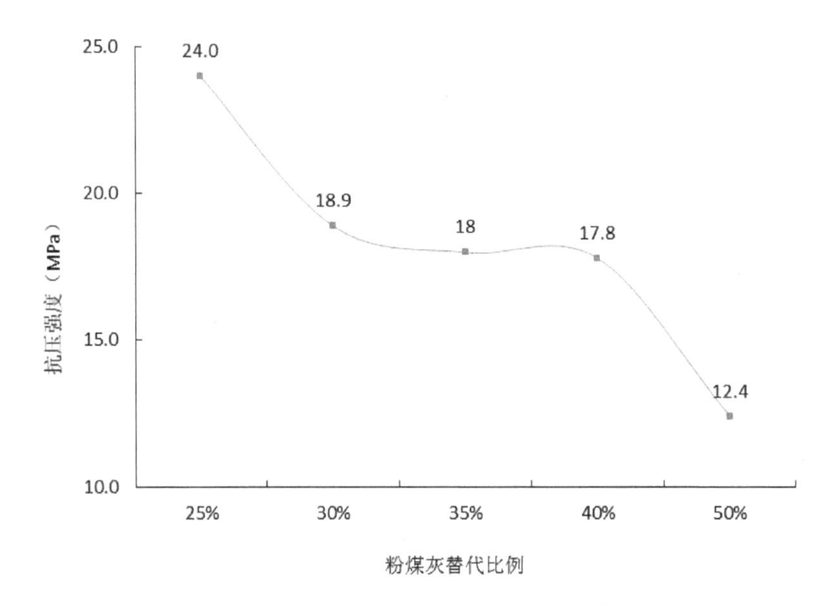


图 4-3 临河试验点 7d 立方体抗压强度

Fig.4-3 Cubic compression strength of Lin He 7d

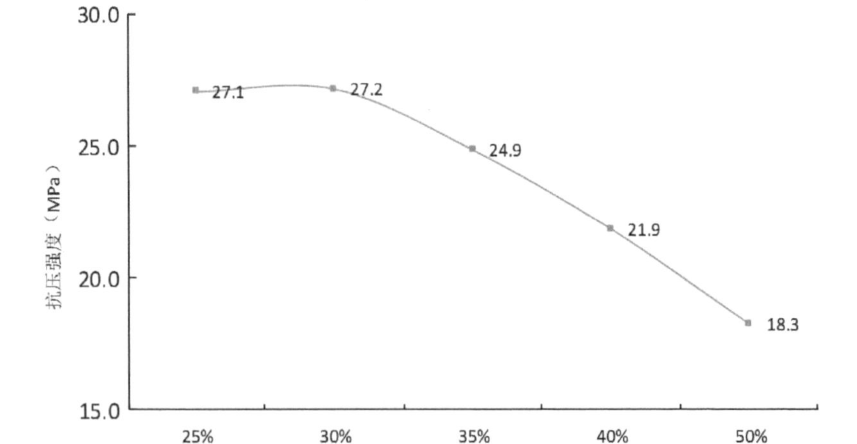


图 4-4 临河试验点 28d 立方体抗压强度

Fig.4-4 Cubic compression strength of Lin He 28d

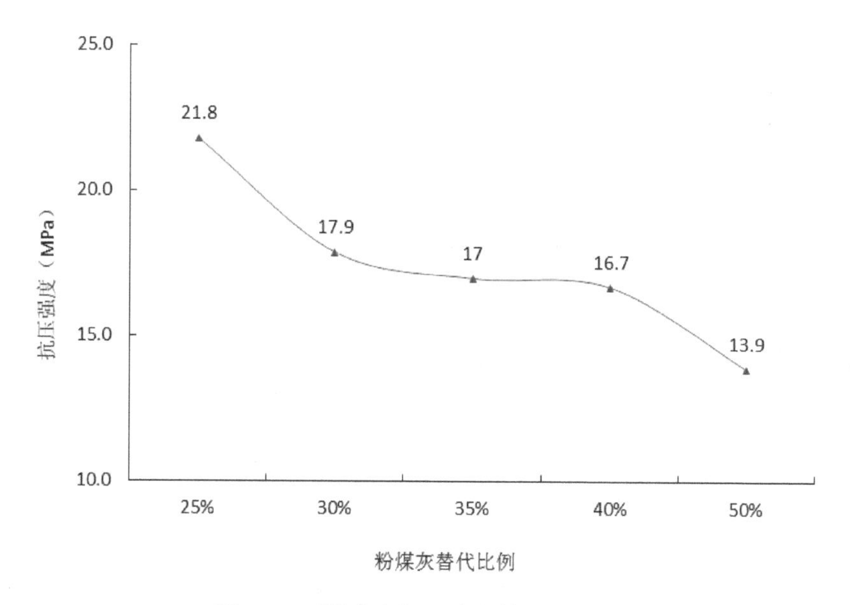


图 4-5 五原试验点 7d 立方体抗压强度

Fig.4-5 Cubic compression strength of Wu Yuan 7d

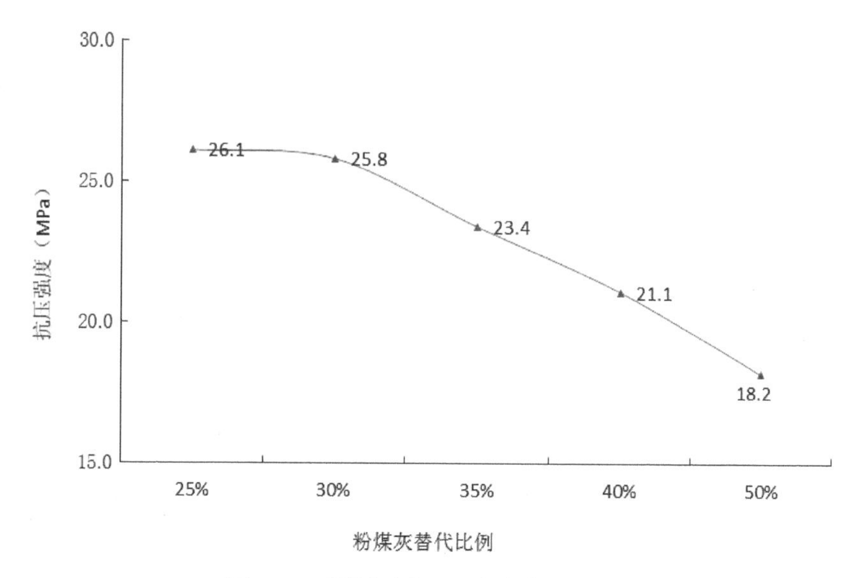


图 4-6 五原试验点 28d 立方体抗压强度

Fig.4-6 Cubic compression strength of Wu Yuan 28d

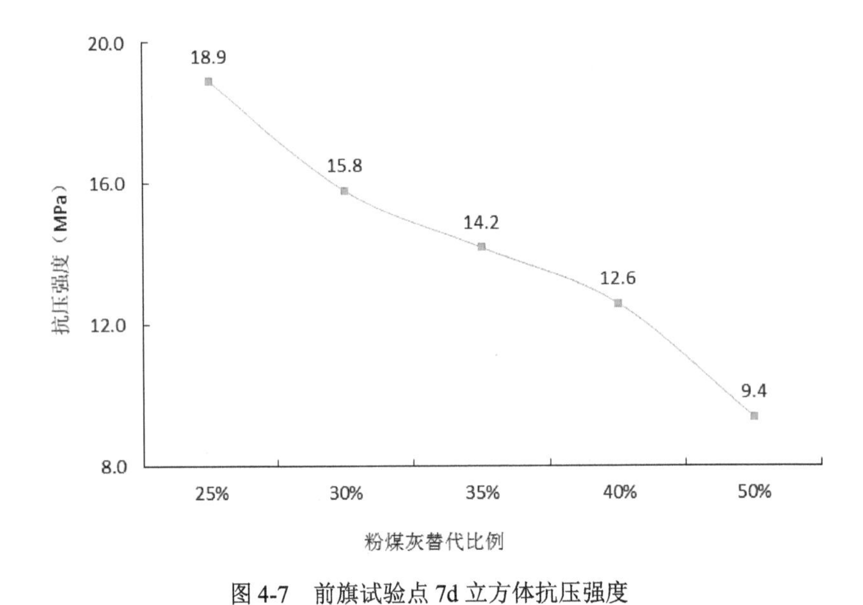


图 4-7　前旗试验点 7d 立方体抗压强度

Fig.4-7　Cubic compression strength of Qian Qi 7d

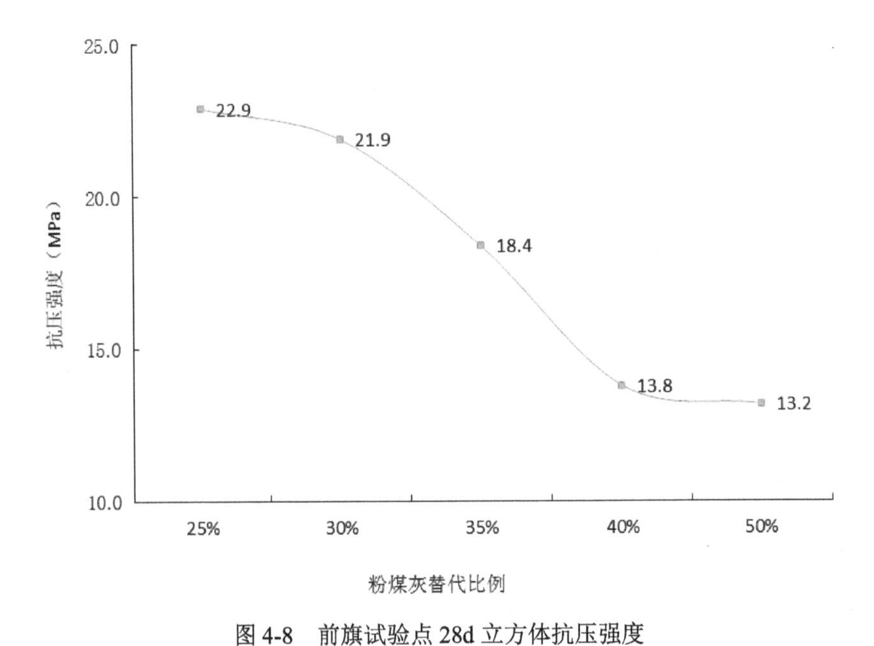


图 4-8　前旗试验点 28d 立方体抗压强度

Fig.4-8　Cubic compression strength of Qian Qi 28d

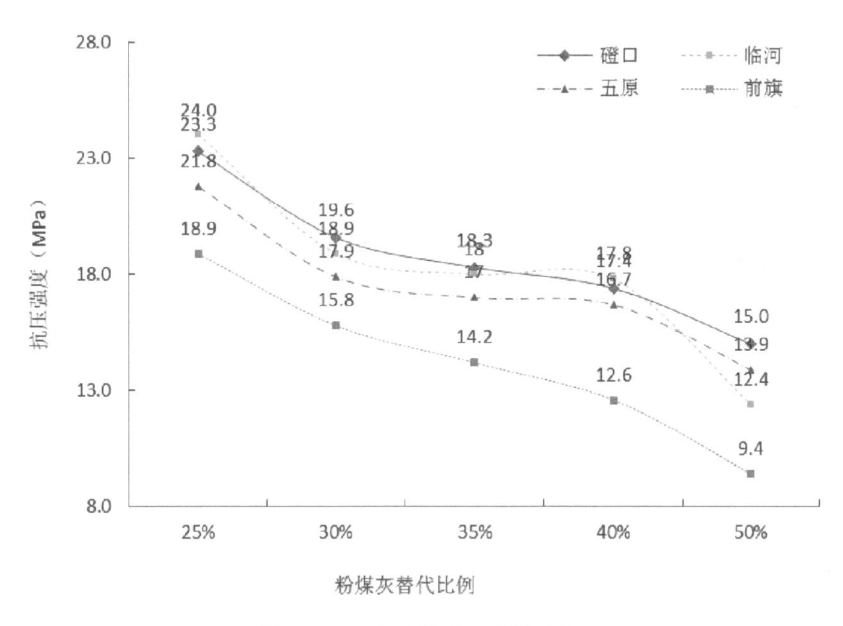


图 4-9　7d 立方体抗压强度对比

Fig.4-9　Cubic compression strength contrast 7d

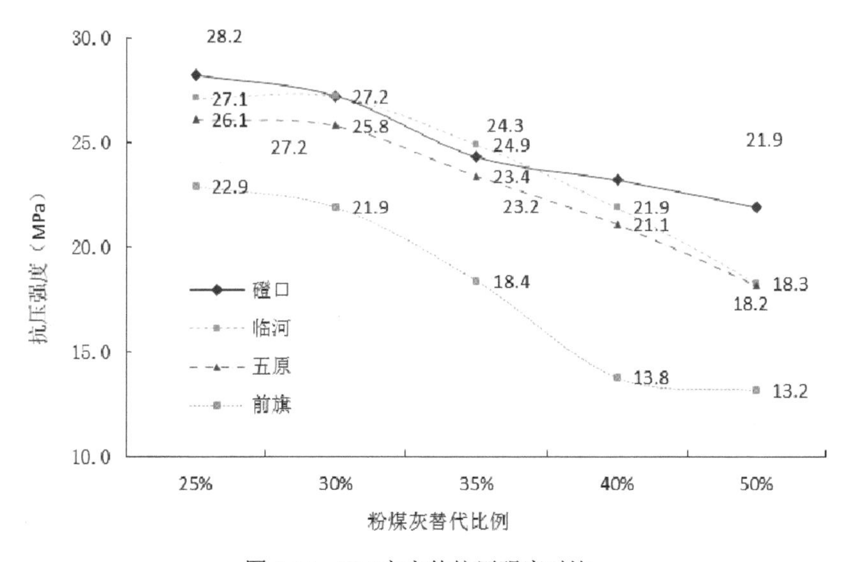


图 4-10　28d 立方体抗压强度对比

Fig.4-10　Cubic compression strength contrast 28d

## 4.3 本章小结

通过对不同掺量粉煤灰试件的立方体抗压强度试验，可以得到以下结论：

（1）粉煤灰的掺加量对混凝土的抗压强度，尤其是早期强度，确有一定的影响，但掺量控制在25%～30%时，强度差别不大。

（2）就经济性而言：粉煤灰的加入降低了投资成本；就混凝土的使用性能而言：粉煤灰的加入对混凝土的力学性能及耐久性能具有双重作用的影响。因此，粉煤灰应选取合适的掺量。

（3）从立方体抗压强度的结果来看，磴口试验点的试件强度要优于其他试验点，其配合比设计较其他试验点更具有代表性，同时考虑到第3章对现役模袋混凝土配合比检测参考时的磴口试验点的抗冻性能普遍偏低，故对磴口试验点的试件进行抗冻性试验并进一步分析，很有必要，也很有意义。

# 第 5 章　现役模袋混凝土力学性能研究及预测

模袋混凝土是一种从国外引进的现浇混凝土技术，与普通混凝土相比具有流动性大、整体性好、抗冲刷性好、抗腐蚀能力强、地形适应性强、施工速度快等特点，被广泛应用于江河湖海的堤坝护坡、护岸、港湾、河道衬砌等防护工程中。但当工程遇到内蒙古河套灌区夏季高温干旱、冬季严寒少雪、无霜期短、封冻期长这种特殊气候特点时，其强度、破坏形式等问题都亟待解决[44]。因此通过检测内蒙古河套灌区中的现役模袋混凝土工程的工作就很有意义。

本章在现役模袋混凝土衬砌渠道上进行取样，通过检测工程的抗压强度、应力-应变曲线形式来分析工程配合比对其强度的影响，同时借助环境扫描电镜从细观结构的角度对机理进行解释，并对强度进行进一步佐证。最后利用人工神经网络建立预测模型对模袋混凝土强度进行预测，分析影响模袋混凝土强度的因素。

## 5.1　试验概况

本书试验采用力学性能指标中最基本且最具代表性的抗压强度试验作为检测模袋混凝土强度的标准。试验方法按照《钻芯法检测混凝土强度技术规程》（CECS 03:2007）7.0.3 中提到的《普通混凝土力学性能试验方法标准》（GB/T 50081－2002）中对立方体试块抗压试验的要求进行。力学试验的试件尺寸及内容见表 5-1。

表 5-1　力学测试项目

Tab.5-1　Test items of basic mechanical

| 测试项目 | 试件尺寸（mm） | 每组测试数目（个） |
|---|---|---|
| 芯样试件抗压强度 | $\Phi75\times75$ | 15 |

抗压试验是探讨混凝土力学性能中一项最常规的试验，实际工程中为了研究现役渠道模袋混凝土在寒旱区环境下的力学性能，每个标段钻取 15 个试件进行抗压

强度试验，然后进行抗压强度值的推定。根据《钻芯法检测混凝土强度技术规程》（CECS 03:2007），芯样试件在自然干燥的状态下进行试验，芯样试件的抗压试验操作应符合现行国家标准《普通混凝土力学性能试验方法标准》（GB/T 50081－2002）中对立方体试块抗压试验的规定，并根据《数据的统计处理和解释 正态样本离群值的判断和处理》（GB/T 4883－2008）进行数据统计分析，得出各标段的强度推定值。

1．各芯样试件抗压强度试验

芯样抗压强度试验利用 WAW-300C 电液伺服万能试验机进行加载，将加工后的模袋混凝土圆柱形芯样试件上、下两个圆面作为承压面作用于试验台上，控制加载速度为等速试验力 90kN/min，直至芯样试件破坏。芯样试件抗压强度值 $f_{cu,\ cor}$ 如下：

$$f_{cu,\ cor} = F_c / A \tag{5-1}$$

式中 $f_{cu, cor}$——芯样试件的混凝土抗压强度，MPa；

$F_c$——芯样试件的抗压试验测得的最大压力，N；

A——芯样试件抗压截面面积，$mm^2$。

2．进行检测批强度推定值计算

根据《钻芯法检测混凝土强度技术规程》（CECS 03:2007）计算检验批芯样试件强度的上限值 $f_{cu,\ e1}$ 及下限值 $f_{cu,\ e2}$，以确定其代表标段的模袋混凝土强度，具体算式如下：

上限值：
$$f_{cu,\ e1} = f_{cu,cor,m} - k_1 S_{cor} \tag{5-2}$$

上限值：
$$f_{cu,e2} = f_{cu,\ cor,\ m} - k_2 S_{cor} \tag{5-3}$$

式中 $f_{cu,e1}$、$f_{cu,\ e2}$——混凝土抗压强度上限值与下限值，MPa，精确至 0.1MPa；

$f_{cu,cor,\ m}$——芯样试件的混凝土抗压强度平均值，MPa，精确至 0.1MPa；

$k_1$，$k_2$——推定区间上限值系数和下限值系数；

$S_{cor}$——芯样试件强度样本的标准值，MPa，精确至 0.1MPa。

3．异常值的剔除

根据格布拉斯双侧检验法与 t 检验准则双侧检验法，找到适合本工程的剔除方法。

## 5.2 现役模袋混凝土芯样试件抗压强度试验

### 5.2.1 两种剔除方法对比

运用钻芯法检测混凝土强度，需要计算出强度推定值，本书每个强度推定值都需要 15 个芯样试件的抗压强度值做计算。其中根据《钻芯法检测混凝土强度技术规程》（CECS 03:2007）中 7.0.3 中规定，计算混凝土推定值时会出现以下三种情况：①可以直接计算出检验批混凝土强度推定值，无须进行异常值的剔除；②当计算出的推定值不满足规范要求时，根据其第 3.2.3 条要求利用《数据的统计处理和解释 正态样本离群值的判断和处理》（GB/T 4883－2008）中格拉布斯检验法剔除芯样试件抗压强度样本中的异常值，即可计算出检验批混凝土推定值；③当计算出的推定值不满足规范要求时，利用格拉布斯检验法无法检验出检验批强度的异常值，但运用 t 检验法却可以剔除异常值。本书将运用规范中格拉布斯检验法与文献中[47][48]t 检验法分别进行异常值剔除，并选出最适用本书及模袋混凝土芯样的剔除方法。

本书选择乌拉特灌域塔布河源标段、沈乌灌域的一干渠四标段和南二分干渠（3-4）闸阴坡标段作为实例进行计算。

（1）无须剔除异常值（表 5-2）。

表 5-2 塔布河源标段检验批芯样抗压强度推定值

Tab.5-2 The Tarbes canal（He Yuan company）test batch of compressive strength estimate value for core samples

| 芯样编号 | 芯样试件抗压强度值（MPa） | 芯样编号 | 芯样试件抗压强度值（MPa） | 芯样编号 | 芯样试件抗压强度值（MPa） |
|---|---|---|---|---|---|
| 1 | 33.27 | 6 | 33.13 | 11 | 34.62 |
| 2 | 35.98 | 7 | 26.66 | 12 | 31.65 |
| 3 | 25.17 | 8 | 29.50 | 13 | 31.59 |
| 4 | 31.11 | 9 | 31.31 | 14 | 32.80 |
| 5 | 26.64 | 10 | 35.30 | 15 | 35.23 |
| 构件数量 $n=15$ | | 平均值 $\overline{x}=31.60$MPa | | 标准差 $s=3.35$ | |
| 上限值 $f_{cu,e1}=27.5$MPa | | 下限值 $f_{cu,e2}=23.0$MPa | | 差值 $=4.5$MPa | |

（2）格拉布斯检验法剔除异常值（表 5-3）。

表 5-3 一干渠四标段检验批芯样抗压强度推定值

Tab.5-3 The first main canal fourth section test batch of compressive strength estimate value for core samples

| 芯样编号 | 芯样试件抗压强度值（MPa） | 芯样编号 | 芯样试件抗压强度值（MPa） | 芯样编号 | 芯样试件抗压强度值（MPa） |
|---|---|---|---|---|---|
| 1 | 18.28 | 6 | 20.01 | 11 | 21.75 |
| 2 | 19.24 | 7 | 23.10 | 12 | 25.05 |
| 3 | 22.72 | 8 | 24.61 | 13 | 20.41 |
| 4 | 19.70 | 9 | 25.01 | 14 | 18.42 |
| 5 | 24.96 | 10 | 32.32 | 15 | 15.80 |
| 格拉布斯检验 | | | | | |
| 构件数量 $n=15$ | | 平均值 $\overline{x}=22.09$MPa | | 标准差 $s=4.02$ | |
| $n=15$ 时，$G_{0.95}=2.409$ | | | | | |
| $G_n=2.542$ | | $G'_n=1.564$ | | | |
| 上限值 $f_{cu,e1}=17.2$MPa | | 下限值 $f_{cu,e2}=11.8$MPa | | 差值＝5.4MPa | |
| $G_n>G_{0.95}$ 时最大值异常，剔除。重新判断未发现异常值 | | | | | |
| 检测批混凝土强度的推定值计算（按检验后的 14 个正常值计算） | | | | | |
| 上限值 $f_{cu,e1}=17.8$MPa | | 下限值 $f_{cu,e2}=13.6$MPa | | 差值＝4.2MPa | |

（3）格拉布斯检验法无法剔除异常值（表 5-4），t 检验法剔除异常值（表 5-5）。

表 5-4 南二分干渠（3-4）闸阴坡检验批芯样抗压强度及格拉布斯检验计算

Tab.5-5 The south canal (3-4) gate shady slope test batch of compressive strength for core samples and Grubbs test calculation

| 芯样编号 | 芯样试件抗压强度值（MPa） | 芯样编号 | 芯样试件抗压强度值（MPa） | 芯样编号 | 芯样试件抗压强度值（MPa） |
|---|---|---|---|---|---|
| 1 | 33.94 | 6 | 39.52 | 11 | 38.83 |
| 2 | 38.59 | 7 | 41.33 | 12 | 23.88 |
| 3 | 33.95 | 8 | 32.26 | 13 | 31.18 |
| 4 | 36.88 | 9 | 33.99 | 14 | 34.75 |
| 5 | 38.03 | 10 | 24.82 | 15 | 32.95 |

续表

| 芯样编号 | 芯样试件抗压强度值（MPa） | 芯样编号 | 芯样试件抗压强度值（MPa） | 芯样编号 | 芯样试件抗压强度值（MPa） |
|---|---|---|---|---|---|
| 格拉布斯检验 | | | | | |
| 构件数量 $n=15$ | | 平均值 $\overline{x}=34.33$ MPa | | 标准差 $s=5.01$ | |
| $n$=15 时， $G_{0.95}$=2.409 | | | | | |
| $G_n$=1.399 | | $G_n'$=2.087 | | | |
| 上限值 $f_{cu,e1}=28.2$MPa | | 下限值 $f_{cu,e2}=21.5$MPa | | 差值 = 6.7MPa | |
| $G_n < G_{0.95}, G_n' < G_{0.95}$ 无法提出异常值 | | | | | |
| 但 $f_{cu,e1}$ 与 $f_{cu,e2}$ 的差值大于 5.0MPa 和 0.10 两者的较大值 | | | | | |

**表 5-5　南二分干渠（3-4）闸阴坡检验批芯样 t 检验计算**

**Tab.5-5　south canal (3-4) gate shady slope test batch of core sample t test calculated**

| t 检验 | | | | | |
|---|---|---|---|---|---|
| $n$=15 时 | 平均值 $\overline{x}=34.33$ MPa | 标准差 $s=5.01$ | | $\delta=0.146$ | |
| 最大值 = 41.33 MPa | 最小值 = 23.88 MPa | $f_{cu,cor,\ m-n}$=33.83MPa | | $f_{cu,cor,\ m-1}$=35.07MPa | |
| $s_{cu,cor,\ m-n}$=4.79 | $s_{cu,cor,\ m-1}$=4.24 | $t_n$ =1.57 | $t_1$ =2.64 | $t_{0.975}$=2.24 | |
| $n$=14 时 | 平均值 $\overline{x}=35.07$ MPa | 标准差 $s=4.24$ | | $\delta=0.121$ | |
| 最大值 = 41.33 MPa | 最小值 = 24.82 MPa | $f_{cu,cor,\ m-n}$=34.59MPa | | $f_{cu,cor,\ m-1}$=35.86MPa | |
| $s_{cu,cor,\ m-n}$=4.00 | $s_{cu,cor,\ m-1}$=3.17 | $t_n$=1.69 | $t_1$=3.48 | $t_{0.975}$=2.26 | |
| $n$=13 时 | 平均值 $\overline{x}=35.86$ MPa | 标准差 $s=3.17$ | | $\delta$=0.088 | |
| 最大值 = 41.33MPa | 最小值 = 31.18 MPa | $f_{cu,cor,\ m-n}$=35.41MPa | | $f_{cu,cor,\ m-1}$=36.25MPa | |
| $s_{cu,cor,\ m-n}$=2.83 | $s_{cu,cor,\ m-1}$=2.97 | $t_n$=2.09 | $t_1$=1.71 | $t_{0.975}$=2.29 | |

由表 5-2 可以看出塔布河源标段检测批的上限值与下限值之差为 4.5MPa，小于 5.0MPa 或 $0.10f_{cu,cor,m}$ 两者的较大值，显然，此检验批 15 个抗压强度中没有需要剔除的异常值。因此塔布河源标段检验批混凝土强度推定值可通过计算直接确定为 27.5MPa。

由表 5-3 中一干渠四标段模袋混凝土检测批数据计算可以看出上限值与下限值的差值为 5.4MPa，大于 5.0MPa 或 $0.10f_{cu,cor,m}$ 两者的较大值，因此使用格拉布斯检验法剔除异常值，当$G_n > G_{0.95}$时，检验批中的最大值即是异常值，剔除最大值 32.32 后，按 14 个值重新判定，此时的上限值与下限值的差值为 4.2MPa，小于 5.0MPa 或$0.10f_{cu,cor,m}$两者的较大值，可直接将上限值 17.8MPa 作为此标段的强度推定值。

从表 5-4 可以看出，南二分干渠（3-4）闸阴坡标段上限值与下限值的差值为 6.7MPa，且大于 5.0MPa 或$0.10f_{cu,cor,m}$的最大值，表现出检验批混凝土芯样的抗压强度中存在需要剔除的异常值。但通过对统计量的计算得出$G_n < G_{0.95}$，$G'_n < G_{0.95}$，所以利用格拉布斯检验法，并没有可以剔除的异常值，这样一来可明显看出格拉布斯检验法对于检测段混凝土强度的评估存在规则之间矛盾的情况，从而不能真实地反映出该段渠道模袋混凝土的真实强度。下面利用 t 检验法进行剔除，见表 5-5。

当$n=15$时$t_1 > t_n$且$t_1 > t_{0.975}$，最小值 23.88 为异常值，剔除；当$n=14$时，$t_1 > t_n$且$t_1 > t_{0.975}$，仍有异常值 24.82 存在，剔除；当$n=13$时，未检验出异常值。故检验批混凝土芯样的强度推定值按剔除后的 13 个数值进行计算：$f_{cu,e1}=32.1\text{MPa}$，$f_{cu,e2}=27.4\text{MPa}$，差值为 4.68MPa。通过剔除，此标段模袋混凝土芯样的抗压强度推定值符合规范中的各项要求，检验批模袋混凝土芯样的强度推定值为 32.1MPa。

上面三种情况均出现在模袋混凝土推定值计算中，根据每组芯样试件强度的离散情况，使用的异常值剔除情况也不同，见表 5-6，将各组使用方法进行汇总。

表 5-6 各标段强度汇总表

Tab.5-6 The strength summary Tab of each sections

| 序号 | 灌域名称 | 地点 | 最大值（MPa） | 最小值（MPa） | 推定值（MPa） | 剔除方法 | 剔除前变异系数 $\delta$ | 剔除后变异系数 $\delta$ |
|---|---|---|---|---|---|---|---|---|
| 1 | 沈乌灌域 | 沙河渠 | 44.47 | 9.66 | 18.0 | t 检验法 | 0.34 | 0.21 |
| 2 | | 丰济渠 | 44.71 | 21.10 | 21.5 | t 检验法 | 0.24 | 0.16 |
| 3 | | 总干渠 2010 | 39.36 | 16.29 | 17.4 | 格拉布斯检验法 | 0.25 | 0.19 |
| 4 | | 总干渠 2011 | 34.13 | 15.64 | 22.2 | t 检验法 | 0.18 | 0.15 |
| 5 | | 总干渠 2012 | 40.57 | 24.00 | 26.7 | — | 0.17 | 0.17 |
| 6 | | 总干渠 2013 | 36.81 | 14.93 | 22.0 | t 检验法 | 0.21 | 0.12 |
| 7 | | 一干渠一标段 | 44.07 | 10.37 | 15.4 | — | 0.36 | 0.36 |

续表

| 序号 | 灌域名称 | 地点 | 最大值（MPa） | 最小值（MPa） | 推定值（MPa） | 剔除方法 | 剔除前变异系数 $\delta$ | 剔除后变异系数 $\delta$ |
|---|---|---|---|---|---|---|---|---|
| 8 | 沈乌灌域 | 一干渠二标段 | 39.28 | 17.57 | 21.2 | — | 0.23 | 0.23 |
| 9 | | 一干渠三标段 | 31.44 | 18.70 | 23.7 | t检验法 | 0.15 | 0.10 |
| 10 | | 一干渠四标段 | 32.32 | 15.80 | 17.8 | 格拉布斯检验法 | 0.18 | 0.14 |
| 11 | | 南边渠2-3闸阴 | 13.57 | 5.33 | 6.7 | — | 0.24 | 0.24 |
| 12 | | 南边渠3-4闸阳 | 35.01 | 10.82 | 13.1 | t检验法 | 0.33 | 0.30 |
| 13 | | 南边渠3-4闸阴 | 41.33 | 23.88 | 32.1 | t检验法 | 0.15 | 0.09 |
| 1 | 乌兰布和灌域 | 建设二分干试验段 | 28.09 | 18.34 | 18.4 | t检验法 | 0.16 | 0.06 |
| 2 | | 建设二分干十三标 | 22.24 | 14.03 | 15.6 | — | 0.15 | 0.15 |
| 3 | | 建设二分干十四标 | 25.42 | 15.56 | 15.8 | — | 0.14 | 0.14 |
| 4 | | 建设一分干八标（永固） | 28.46 | 11.03 | 11.0 | t检验法 | 0.35 | 0.18 |
| 5 | | 建设一分干八标（济禹） | 42.02 | 13.00 | 15.5 | t检验法 | 0.33 | 0.21 |
| 6 | | 建设一分干九标（新禹） | 36.48 | 18.76 | 20.1 | t检验法 | 0.23 | 0.10 |
| 7 | | 建设一分干十标（济禹） | 25.49 | 14.85 | 15.4 | — | 0.20 | 0.20 |
| 1 | 乌拉特灌域 | 水建公司 | 44.96 | 19.89 | 27.6 | t检验法 | 0.18 | 0.10 |
| 2 | | 塔布河源 | 35.98 | 25.17 | 27.5 | — | 0.11 | 0.11 |
| 3 | | 塔布济禹 | 29.59 | 19.78 | 20.1 | — | 0.12 | 0.12 |
| 4 | | 塔布新禹 | 46.38 | 20.71 | 25.1 | — | 0.24 | 0.24 |
| 5 | | 什巴分干渠 | 40.27 | 19.39 | 20.1 | — | 0.24 | 0.24 |

注：变异系数=标准差/平均值。

从表5-6可以明显看出25组检测标段推定值的计算中有11组无须剔除异常值即可直接推算出抗压强度，其余14组中只有2组可以通过规范中的格拉布斯方法剔除异常值后得到推定值，12组需要通过t检验法才能检测出需要剔除的异常值，可见格拉布斯检验法在模袋混凝土芯样抗压强度异常值剔除中的使用频率很低。通过分析各检测批混凝土芯样实际的抗压强度可以看出，每剔除一个异常值后变异值（即标准差与平均值的比值）就会有所减小，本书中变异值下降在62.5%～9.1%，当变异值在0.2左右时，各组基本可以得到可靠的推定值。

从表5-6可见，沙河渠中最小值9.66MPa与最大值44.47MPa之间相差34.81MPa、建设一分干八标（永固）中的最小值13.00MPa与最大值42.02MPa之间相差29.02MPa等，可见本书各标段中15个芯样抗压强度中最小值与最大值之间相差较大，这样的结果使数据具有较大的离散度，从而必定会存在影响强度推定值的异常值，在这种情况下，可见t检验法的优势明显强于格拉布斯检验法。也就是说，经过本书试验，t检验法比较适合具有较大离散度的数据。然而造成数据离散度大的原因是由于模袋混凝土不同于普通混凝土，属于具有较高流动性的自密实混凝土，泵送后无须振捣，因此在浇筑成型时会产生或多或少的空洞等缺陷，这样就导致钻取出的芯样致密性会有好有坏，从而反应在芯样试件的抗压强度上。因此在遇到如本书这样具有较大离散性的数据时，使用t检验法优于格拉布斯检验法，在此也说明规范中建议的剔除方法只能代表大部分的工程检测并不能代表全部，我们在依赖规范的同时，也应找到真正适合于研究工程的方法。同时也可建议在规范中添加t检验法作为辅助计算方法或作为补充剔除模袋混凝土异常值的方法。

### 5.2.2 模袋混凝土抗压破坏形态分析

图5-1所示为模袋混凝土芯样在抗压强度试验进行中的破坏形态。图5-1（a）在抗压强度试验过程中，当模袋混凝土芯样试件受到的荷载即将达到峰值时，便可以观察到沿试件纵向逐渐有裂缝发育，而这些裂缝都是由试件内最初的微裂纹受应力作用后发展的，最终，裂缝随着发育与延伸相互贯穿，形成主贯穿裂缝。图5-1（b）当芯样试件受到的荷载达到最大值后，主贯穿裂缝也随之继续发育，变宽加深，最终形成破裂面。从这两张图中可以看到，模袋混凝土芯样试件在进行抗压试验时产生的裂缝属于剪切状裂缝，且芯样中上部混凝土沿裂缝向外膨胀。这主要是由于芯样在抗压试验时上下两圆面受到试验机承压钢板摩擦力的限制，使试块上下两端部受到摩擦发生横向变形，而芯样中部受摩擦力影响较小，较上

下两面具有相对较大的横向变形空间，因此会出现中部混凝土向外膨胀的现象。随应力的增加，芯样横向变形也随之变大，当到达极限时。混凝土表层便会脱落，呈现出图 5-1（c）、（d）的形态。图 5-1（c）、（d）表现了模袋混凝土芯样试件破坏后内部的形态，表皮剥落后的试件呈“H”型，且中部向内凹。由于本书模袋中灌注的是普通碎石混凝土，所以石子是本书中混凝土结构的主要承载框架，随荷载的不断增加，内部逐渐产生裂纹，当荷载达到峰值时试件受压破坏，但由于粗骨料具有较大的弹性模量，因此内部裂缝不易贯穿粗骨料。一般会沿粗骨料与砂浆间的界面逐渐发展，所以芯样内部的破裂面较不平整。

（a）试件主贯通裂缝

（b）试件破裂面

（c）试件破坏形态

（d）破裂面在浆体与骨料间

图 5-1　抗压强度试验试件破坏形态

Fig.5-1　Specimen failure pattern of compressive strength test

## 5.3 模袋混凝土应力-应变关系分析

混凝土在进行抗压试验时得到的应力-应变关系可以反映混凝土材料的极限承载力、抵抗变形能力、延性等特点。通过抗压试验机记录的力与位移的变化数据及公式（5-4）绘制出乌兰布和灌域7个取样点模袋混凝土的应力-应变全曲线，如图5-2所示。

$$\sigma=\frac{N}{A},\quad \varepsilon=\frac{\Delta L}{L} \tag{5-4}$$

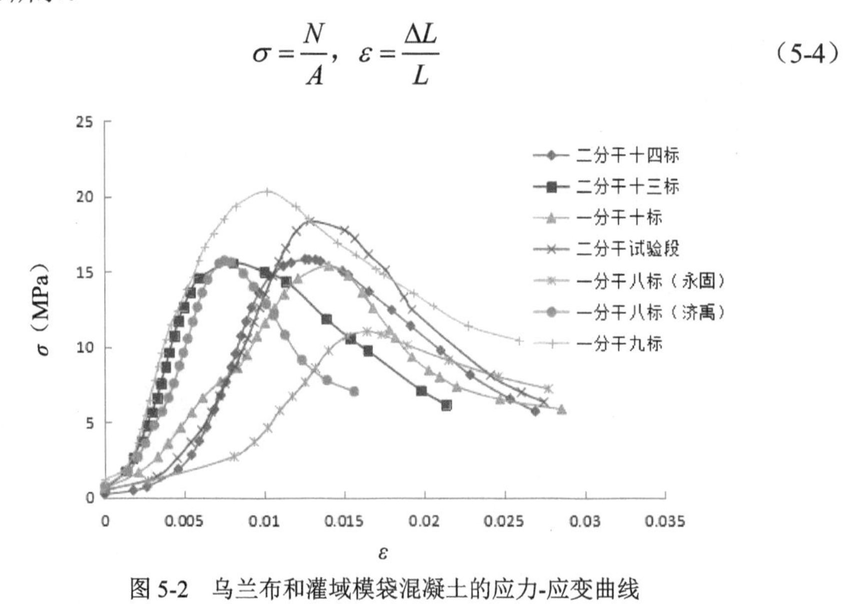


图5-2 乌兰布和灌域模袋混凝土的应力-应变曲线

Fig.5-2 The stress-strain curves of Ulan buh irrigation channels mold-bag-concrete

从图5-2中可以看到7组芯样试件的应力-应变曲线的趋势均呈现上升段与下降段。利用二分干十四标的曲线举例，上升段可根据应力从小到大的增加分为三个阶段，首先当应力较小时（$\sigma\leqslant0.3f_c$，其中 $f_c$ 为峰值应力），应力-应变关系接近于直线，属于弹性阶段，这阶段的混凝土变形主要是骨料与水泥结晶体受力产生的弹性形变，此时混凝土内部的初始微裂纹还没有发展。

接着，随应力的增加，$\sigma$ 介于 $0.3\sim0.8f_c$ 时应变增加速度大于应力增加速度，应力-应变曲线逐渐向下弯曲，属于塑性阶段，此时混凝土内部微裂纹已有所发展，但仍处于稳定状态。

随荷载的继续增加，当$\sigma$处于$0.8 \sim 1.0f_c$时，应变增长速度更快，随着应力的增大，混凝土内部微裂纹扩大且贯通，当应力达到最大值$f_c$时，试件表面出现与加载平行的纵向裂纹，试件开始破坏。

达到峰值应力后，曲线步入下降段，应力随应变增长迅速减小，这时试件中贯通裂缝已经达到最宽，且有部分混凝土呈块状脱落。

## 5.4　模袋混凝土的本构方程

通过上一节模袋混凝土应力-应变关系曲线能体现出模袋混凝土应力应变之间必定存在着某些函数关系，可以建立模袋混凝土的本构方程。前人也通过大量的研究建立了许多本构模型，如多项式[49]、指数式[50]、三角函数[51]、有理分式[52]等，其中最常使用的是由 Popvics S 提出的将无量纲化的应力-应变曲线整体拟合成一个有理分式与过镇海[53]提出的将上升段拟合为多项式，下降段拟合为有理分式，其表达式分别为：

（1）Popvics S 模型：

$$y = \frac{ax + bx^2}{1 + cx + dx^2} \tag{5-5}$$

（2）过镇海模型：

上升段：

$$y = a_1 x + bx^2 + cx^3 \quad 0 \leqslant x \leqslant 1 \tag{5-6}$$

下降段：

$$y = \frac{x}{a_2 (x-1)^2 + x} \quad x > 1 \tag{5-7}$$

式中　$y = \sigma / \sigma_c$；

$x = \varepsilon / \varepsilon_c$；

$\sigma_c$——应力峰值；

$\varepsilon_c$——应力峰值对应的应变。

将图 5-2 中乌兰布和灌域中 7 处取样点的模袋混凝土应力-应变曲线进行无量纲化处理，使$x$轴的$\varepsilon$变为$\varepsilon / \varepsilon_c$，$y$轴$\sigma$变为$\sigma / \sigma_c$，得到图 5-3。为了得到适合于本书中模袋混凝土的本构方程，我们通过 MATLAB 软件与上面提到的两种模型对图 5-3 中 7 个曲线进行拟合，对比得到残差值，残差值越小拟合精度越高，见表 5-7，从表中可以看出，对于本书中的模袋混凝土 Popvics S 提出的整体有理式的残差大至 0.9480，小到 0.0090，波动比较大，而过镇海的分段模型拟合出来的残差值对于每一取样点模袋混凝土都较稳定，因此分段模型更能精确且稳定地表达模袋混凝土应力-应变曲线，利用此模型对本书中三个灌域模袋混凝土分别进行拟合，得到的系数及残差值见表 5-8～表 5-10。

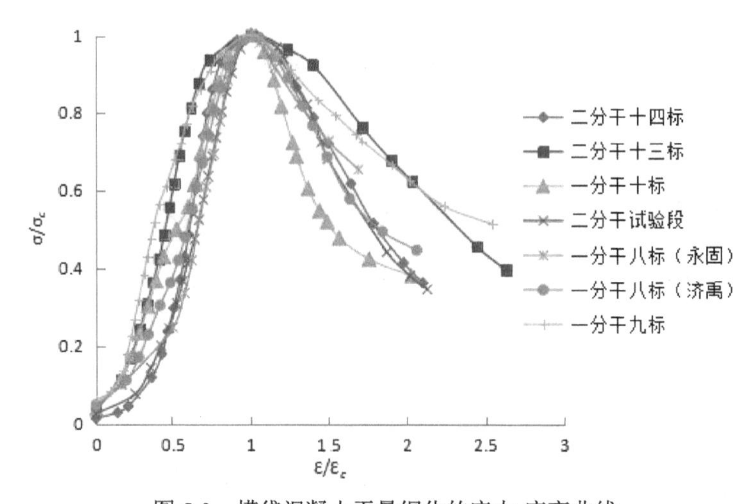


图 5-3　模袋混凝土无量纲化的应力-应变曲线

Fig.5-3　Dimensionless stress-strain curves of mold-bag-concrete

表 5-7　Popvics S 模型和过镇海模型拟合精度对比

Tab.5-7　The comparison of fitting accuracy between model Popvics S and model Guo zhenhai

| 地点 | Popvics S 模型残差值 | 过镇海模型上升段残差值 | 过镇海模型下降段残差值 |
|---|---|---|---|
| 二分干十四标 | 0.0313 | 0.0482 | 0.0035 |
| 二分干十三标 | 0.0200 | 0.0435 | 0.0074 |
| 一分干十标 | 0.0519 | 0.0302 | 0.0275 |
| 二分干试验段 | 0.9480 | 0.0955 | 0.0067 |
| 一分干八标（永固） | 0.0125 | 0.0994 | 0.0045 |
| 一分干八标（济禹） | 0.0090 | 0.0437 | 0.0025 |
| 一分干九标 | 0.0154 | 0.0342 | 0.0049 |

表 5-8　乌兰布和灌域模袋混凝土本构方程系数及残差值

Tab.5-8　The constitutive equation coefficients and residual values of Ulan buh irrigation channels mold-bag-concrete

| 组别 | 上升段 | | | | 下降段 | |
|---|---|---|---|---|---|---|
| | $a_1$ | $b$ | $c$ | 残差值 | $a_2$ | 残差值 |
| 二分干十四标 | -1.2162 | 5.4324 | -3.2162 | 0.0482 | 2.5613 | 0.0035 |
| 二分干十三标 | 0.6602 | 1.6796 | -1.3398 | 0.0435 | 1.2287 | 0.0074 |
| 一分干十标 | $7.4763\times10^{-4}$ | 2.9985 | -1.9993 | 0.0302 | 5.5326 | 0.0275 |
| 二分干试验段 | -1.6832 | 6.3664 | -3.6832 | 0.0955 | 2.8458 | 0.0067 |
| 一分干八标（永固） | -1.9619 | 6.9238 | -3.9619 | 0.0994 | 2.1845 | 0.0045 |
| 一分干八标（济禹） | -0.6544 | 4.3088 | -2.6544 | 0.0437 | 2.6685 | 0.0025 |
| 一分干九标 | 1.0860 | 0.8280 | -0.9140 | 0.0342 | 1.1896 | 0.0049 |

表 5-9　乌拉特灌域模袋混凝土本构方程系数及残差值

Tab.5-9　The constitutive equation coefficients and residual values of Urat irrigation channels mold-bag-concrete

| 组别 | 上升段 | | | | 下降段 | |
|---|---|---|---|---|---|---|
| | $a_1$ | $b$ | $c$ | 残差值 | $a_2$ | 残差值 |
| 水建公司 | -1.2067 | 5.4134 | -3.2067 | 0.1388 | 2.9566 | 0.0166 |
| 塔布河源 | 0.2013 | 2.5976 | -1.7988 | 0.0168 | 3.2316 | 0.0258 |
| 塔布济禹 | -0.0794 | 3.1588 | -2.0794 | 0.0625 | 3.2323 | $3.2894\times10^{-4}$ |
| 塔布新禹 | 0.1289 | 2.7422 | -1.8711 | 0.0084 | 1.8660 | 0.0042 |
| 什巴分干渠 | -0.1298 | 3.2596 | -2.1298 | 0.0848 | 1.6598 | 0.0013 |

表 5-10　沈乌灌域模袋混凝土本构方程系数及残差值

Tab.5-10　The constitutive equation coefficients and residual values of Shen Wu irrigation channels mold-bag-concrete

| 组别 | 上升段 | | | | 下降段 | |
|---|---|---|---|---|---|---|
| | $a_1$ | $b$ | $c$ | 残差值 | $a_2$ | 残差值 |
| 沙河渠 | -0.2872 | 3.5744 | -2.2872 | 0.0972 | 9.3621 | 0.0130 |
| 丰济渠 | 0.6405 | 1.7190 | -1.3595 | 0.0943 | 2.6696 | 0.0288 |
| 总干渠 2010 | 3.1262 | -3.2524 | 1.1262 | 0.0087 | 8.2701 | 0.0121 |

续表

| 组别 | 上升段 | | | | 下降段 | |
| --- | --- | --- | --- | --- | --- | --- |
| | $a_1$ | $b$ | $c$ | 残差值 | $a_2$ | 残差值 |
| 总干渠 2011 | 3.6482 | -4.2964 | 1.6482 | 0.4811 | 2.0546 | 0.0086 |
| 总干渠 2012 | 1.6530 | -0.3060 | -0.3470 | 0.1614 | 9.1870 | 0.0086 |
| 总干渠 2013 | -0.4746 | 3.9492 | -2.4746 | 0.1145 | 15.0327 | 0.0077 |
| 一干渠一标段 | -0.8536 | 4.7072 | -2.8536 | 0.2214 | 9.9376 | 0.0043 |
| 一干渠二标段 | 1.5821 | -0.1642 | -0.4174 | 0.0046 | 11.1603 | 0.0391 |
| 一干渠三标段 | 2.3774 | -1.7548 | 0.3774 | 0.1657 | 2.4317 | 0.0078 |
| 一干渠四标段 | 2.8373 | -2.6746 | 0.8373 | 0.1623 | 1.1264 | 0.0047 |
| 南边渠 2-3 闸阴 | -2.2928 | 7.5856 | -4.2928 | 0.0646 | 3.9702 | 0.0269 |
| 南边渠 3-4 闸阳 | -1.3955 | 5.7910 | -3.3955 | 0.3096 | 11.4030 | 0.0228 |
| 南边渠 3-4 闸阴 | -0.1449 | 3.2898 | -2.1449 | 0.0180 | 7.7901 | 0.0832 |

## 5.5 模袋混凝土微观结构及机理分析

研究模袋混凝土力学性能时，不仅要从宏观上分析其抗压强度、破坏形态及应力-应变曲线，还要从微观上分析其破坏机理及影响其抗压强度的原因，因此本书对芯样试件进行扫描电镜试验，并用沈乌灌域中强度推定值最大（32.1MPa）的南边渠 3-4 闸阴面与强度推定值最小（6.7MPa）的南边渠 2-3 闸阴面为例分析模袋混凝土微观图像，其图像如图 5-4 和图 5-5 所示。

从图 5-4（a）与图 5-5（a）中可以看出，南边 3-4 闸阴标段的水泥石与碎石的过渡界面结合比较致密，存在几条细微的裂纹，同时水泥水化后产物的尺寸较小，彼此之间连接紧密且均匀分布，在胶状的水化硅酸钙（C-S-H）中镶嵌着尺寸大小不一的粉煤灰颗粒（图 5-5 中“1”），起到了填充水化物中不同尺寸孔隙及空洞的作用，确保结构中各相之间紧密相连，提高了粘聚力；而从图 5-4（b）与图 5-5（b）中可以看到，南边 2-3 闸阴标段的水泥石与碎石过渡界面之间连结较松散，且存在贯通整体的裂缝，同时在水泥石上有数条毛细裂缝相互横纵交错（图 5-4 中“2”），从放大到 3000 倍的水泥石照片中可以看到，水泥水化产物尺寸较大，彼此间连结松散，许多存在空洞的地方并没有看到粉煤灰颗粒填充，在产物之间可以明显地观察到有针状的细杆将其连接起来，说明这组模袋混凝土芯样在服役时经历过冻融过程，因此使结构变得较为松散，结果表明电镜扫描试验的微观分析与检测结果相当吻合。

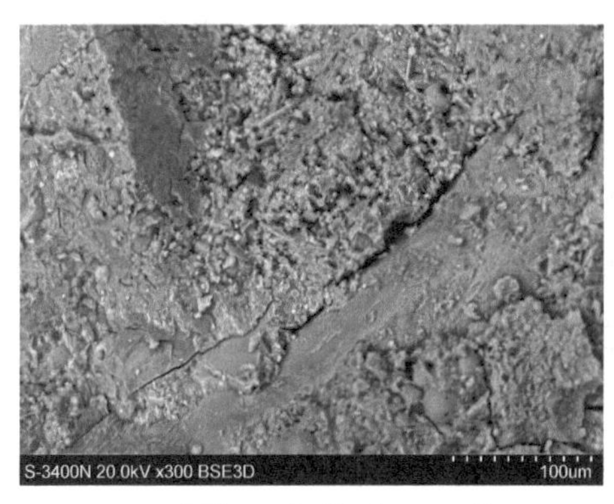


（a）南边 3-4 闸阴面（300 倍）

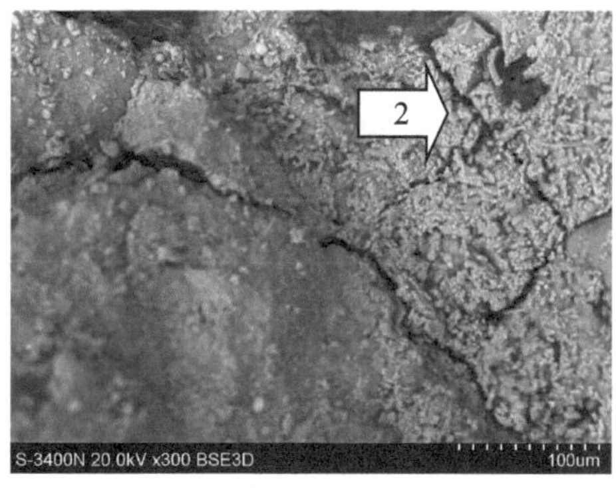


（b）南边 2-3 闸阴面（300 倍）

图 5-4　水泥石与碎石界面过渡区电镜扫描图像

Fig.5-4　The electron microscope scanning images of cement and gravel interface transition zone

（a）南边 3-4 闸阴面（3000 倍）

（b）南边 2-3 闸阴面（3000 倍）

图 5-5　水泥石区电镜扫描图像

Fig.5-5　The electron microscope scanning images of cement zone

通过进行模袋混凝土力学检测试验与对模袋混凝土微观结构进行观察的环境扫描电镜试验，得到了关于模袋混凝土内部各组分的作用机理。主要具有以下两点：第一，粉煤灰对模袋混凝土具有微集料填充效应[54]。本书进行检测研究的模袋混凝土中均含有粉煤灰，加入适量的粉煤灰后可以有效地填充水泥石中产生的孔隙，并减小水泥石与骨料间过渡区域的宽度，由于粉煤灰粒径大小不同，在与水泥混合使用时可以优化胶凝材料的级配分布，可填充混凝土中不同孔径的孔隙，减小模袋混凝土中的孔隙率，改善孔结构，起到“细化孔隙”的作用，增强了水泥石自身及水泥石与骨料过渡区域的紧实程度，从而有提高模袋混凝土整体强度的作用。第二，粉煤灰对模袋混凝土具有增强活性作用。粉煤灰不仅具有填充作用，而且与水泥在某些方面具有相似特性，并有发生水化反应的能力，粉煤灰中含有活性成分 $SiO_2$ 与 $Al_2O_3$ 水化生成水化硅酸钙与水化硫铝酸钙，这种胶状产物附着在粉煤灰颗粒表面，形成的结构能够降低水化反应造成的混凝土收缩，与此同时这种反应几乎是在水泥浆孔隙中完成的，可以防止产生微裂纹及较大孔洞，形成渗水通道，从而提高强度。

通过以上对机理的研究分析得知，适当地添加粉煤灰可以发挥其微集料填充效应及活性效应，提高混凝土强度。通过研究本书第 2 章 2.2 节中模袋混凝土配合比发现，各标段粉煤灰的掺量浮动较大，在 10.1%～33.5%不等，对应 5.2.1 节中计算出的各标段混凝土强度推定值不难发现，当粉煤灰掺量在 15%以下时，其强度均处于 15MPa 上下，不能满足模袋混凝土衬砌的强度要求，当粉煤灰掺量达到 20%以上时，混凝土强度已均可以处于 25MPa 左右，因此对于本书研究的模袋混凝土来说，粉煤灰掺量在 20%～25%时，粉煤灰的活性效应及微集料填充效应可达到最优效果。

## 5.6 利用 BP 网络预测模袋混凝土芯样抗压强度

### 5.6.1 BP 网络的建立

BP 神经网络可以在现有数据中自主归纳总结样本数据与目标数据之间存在的非线性规律，当需要同时考虑的因素及条件信息较为模糊、不明确时，其强大的信息处理系统可以实现各种复杂的非线性运算。

基于本书中大量模袋混凝土芯样抗压强度试验实测数据，本节利用 BP 人工神经网络知识将各种影响因素与模袋混凝土强度联系起来。以本书中 3 个灌域取样的模袋混凝土作为研究对象，建立各灌域模袋混凝土配合比、龄期、取样尺寸等影响因素与强度之间的非线性映射关系，对比预测值与试验实测值来说明建立此模型可以较精准地预测模袋混凝土的强度。

1．网络结构层的确定

有文献[55]指出，一个具有三层结构的网络能够以任何指定的精度值拟合任何指定的连续函数，所以本书中 BP 人工神经网络采用的结构为一个输入层、一个输出层与一个隐层。其中输入层选取与强度联系紧密的 8 个影响因素，芯样质量、芯样直径、芯样高度、每立方米模袋混凝土中水泥用量及外加剂用量、砂率、水胶比及龄期；输出层为模袋混凝土抗压强度，所以输入层节点数为 8，输出层节点数为 1。

2．隐层神经元数确定

对于 BP 神经网络来说，隐层节点的确定对于整个网络起着至关重要的作用，一般地，隐层节点越多，越可以降低网络误差，但同时也会耗费训练时间、增加网络的复杂性，因此在一个没有明确规定的情况下，我们通常会采用试凑法，结合以下经验公式，确定隐层节点数。

$$M=\sqrt{n+m}+a \tag{5-8}$$

$$M=\log_2 m \tag{5-9}$$

$$M=2m+1 \tag{5-10}$$

式中　$M$——隐层节点数；

$m$——输入层节点数；

$n$——输出层节点数；

$a$——1～10 的常数。

根据试凑法及经验公式可以确定隐层节点数范围在 3～17，为了确定最佳的 BP 网络结构，取各节点均方误差最小时的数作为隐层节点数，即 16。因此本书模型结构选取为 8-16-1，如图 5-6 所示。

3．函数的选择

通过大量文献[56]-[60]的查阅及学习，确定本书中隐层传递函数为 tansing（非线性转移）函数，输出层函数为 purelin（线性）函数。训练函数选择 trainlm 函数（即 Levernberg-Marquart 学习算法）。

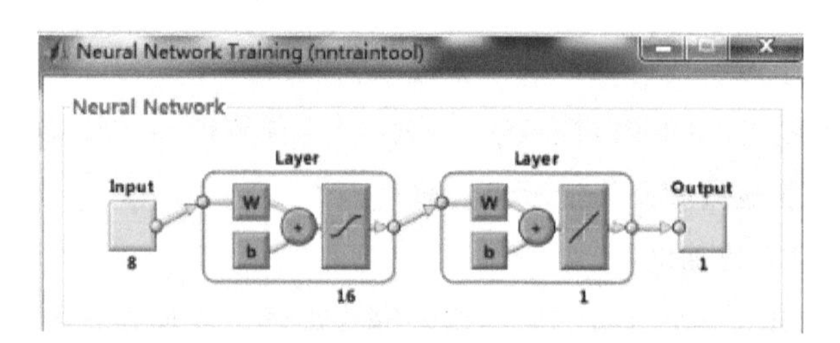


图 5-6　模袋混凝土强度预测 BP 网络结构图

Fig.5-6　The BP network structure of mold-bag-concrete strength prediction

### 5.6.2　BP 网络测试结果分析

根据 5.6.1 节中制定的网络参数，建立关于 BP 神经网络的模袋混凝土强度预测模型如附录 1 所示。同时选取本书中实测的 242 组数据作为训练样本，如附录 2 所示，随机选取 15 组数据作为测试样本，见表 5-11。

表 5-11　15 组测试样本

Tab.5-11　15 set of test samples

| 编号 | 质量（g） | 直径（mm） | 高度（mm） | 水泥用量（kg/m³） | 外加剂（kg/m³） | 砂率（%） | 水胶比 | 龄期（d） | 强度（MPa） |
|---|---|---|---|---|---|---|---|---|---|
| 1 | 732.4 | 75.60 | 75.65 | 312 | 9.60 | 43.0 | 0.51 | 222 | 24.61 |
| 2 | 758.7 | 75.65 | 74.45 | 322 | 3.76 | 42.8 | 0.50 | 185 | 34.62 |
| 3 | 684.7 | 75.30 | 74.93 | 323 | 9.70 | 43.3 | 0.45 | 913 | 6.21 |
| 4 | 746.0 | 75.38 | 74.20 | 320 | 9.70 | 42.5 | 0.46 | 908 | 31.18 |
| 5 | 748.1 | 75.32 | 75.06 | 320 | 9.70 | 42.5 | 0.46 | 909 | 22.25 |
| 6 | 738.1 | 75.65 | 74.30 | 315 | 9.60 | 42.7 | 0.51 | 177 | 23.61 |
| 7 | 688.3 | 74.03 | 73.26 | 330 | 12.00 | 53.6 | 0.47 | 50 | 19.17 |
| 8 | 719.6 | 74.26 | 74.11 | 290 | 10.00 | 62.8 | 0.58 | 55 | 18.34 |
| 9 | 675.9 | 74.02 | 73.59 | 310 | 6.50 | 57.7 | 0.57 | 51 | 11.65 |
| 10 | 701.4 | 74.37 | 73.46 | 310 | 2.50 | 62.4 | 0.55 | 54 | 18.07 |
| 11 | 712.6 | 74.21 | 73.58 | 320 | 2.50 | 61.1 | 0.57 | 52 | 22.34 |
| 12 | 715.2 | 73.95 | 73.98 | 315 | 12.40 | 60.1 | 0.41 | 37 | 32.26 |
| 13 | 699.2 | 74.21 | 74.23 | 288 | 7.80 | 67.1 | 0.45 | 35 | 26.66 |
| 14 | 696.8 | 74.09 | 74.54 | 336 | 10.30 | 48.8 | 0.50 | 29 | 29.59 |
| 15 | 728.0 | 74.13 | 73.68 | 300 | 13.00 | 68.6 | 0.43 | 45 | 41.62 |

从模袋混凝土 BP 网络回归分析图 5-7 可以看出，回归系数 $R$=0.97792，仅仅从回归系数来说，本书中设计的 BP 神经网络模型的训练精度相对较高。经过网络训练后将得到的模袋混凝土强度预测值与实测值进行对比，见表 5-12。

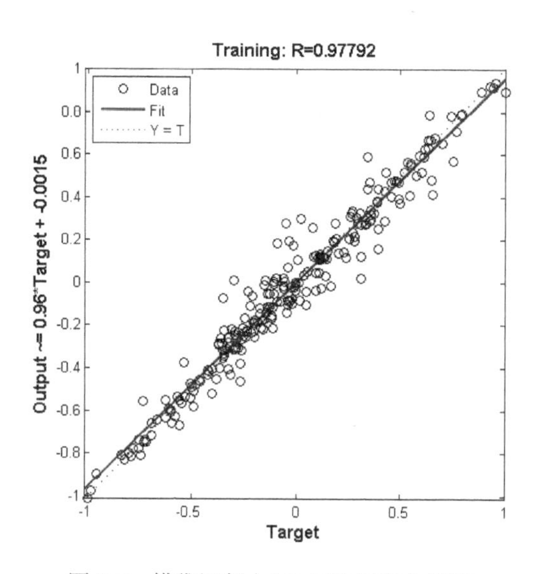


图 5-7　模袋混凝土 BP 网络回归分析图

Fig.5-7　The regression analysis diagram of the BP network mold-bag-concrete

表 5-12　测试样本实测值与预测值对比

Tab.5-12　The comparison of test samples between the measured values and predicted values

| 编号 | 实测值（MPa） | 预测值（MPa） | 绝对误差 | 相对误差（%） |
|---|---|---|---|---|
| 1 | 24.61 | 24.48 | 0.13 | 0.53 |
| 2 | 34.62 | 35.43 | -0.81 | -2.34 |
| 3 | 6.21 | 7.27 | -1.06 | -17.07 |
| 4 | 31.18 | 31.65 | -0.47 | -1.51 |
| 5 | 22.25 | 22.28 | -0.03 | -0.13 |
| 6 | 23.61 | 23.06 | 0.55 | 2.33 |
| 7 | 19.17 | 19.79 | -0.62 | -3.23 |
| 8 | 18.34 | 17.89 | 0.45 | 2.45 |
| 9 | 11.65 | 11.58 | 0.07 | 0.60 |

续表

| 编号 | 实测值（MPa） | 预测值（MPa） | 绝对误差 | 相对误差（%） |
|---|---|---|---|---|
| 10 | 18.07 | 17.86 | 0.21 | 1.16 |
| 11 | 22.34 | 21.77 | 0.57 | 2.55 |
| 12 | 32.26 | 32.32 | -0.06 | -0.19 |
| 13 | 26.66 | 27.21 | -0.55 | -2.06 |
| 14 | 29.59 | 29.82 | -0.23 | -0.78 |
| 15 | 41.62 | 43.39 | -1.77 | -4.25 |

注：绝对误差=实测值-对应预测值；

相对误差=（实测值-对应预测值）/实测值。

从表 5-12 可见，15 组测试样本中模袋混凝土强度预测值与实测值的绝对误差绝对值均在 2 之内，其最大值为 1.77，相对误差绝对值的最大值虽为 17.07%，这是由于测试样本其本身强度值就很小，仅有 6.21MPa，因此差之毫厘便谬以千里，但纵观测试样本整体的相对误差绝对值的平均预测精度已达到 2.75%，完全满足混凝土绝对误差小于 5，相对误差小于 15%的要求；结合图 5-8 可以看出，混凝土强度预测值与实测值的拟合曲线十分吻合，几乎没有离散点，这说明本书利用 BP 网络建立的模袋混凝土强度预测模型能够准确地找到配合比、尺寸、重量及龄期与强度之间存在的非线性关系，充分体现了 BP 网络可以在大量看似毫无规律的数据中发现其潜在联系的优点。

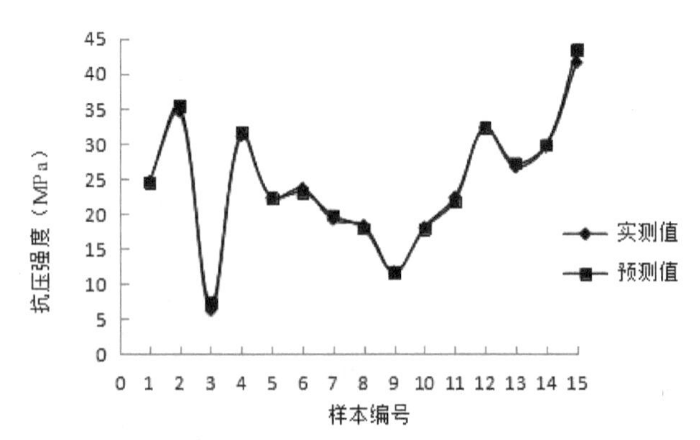


图 5-8　BP 网络模袋混凝土强度预测值与实测值拟合曲线

Fig.5-8　The fitting curve of the strength predicted values and the measured values in BP network for mold-bag-concrete

## 5.7　利用 RBF 网络预测模袋混凝土芯样抗压强度

1．RBF 网络设计

在设计一个 RBF 网络时，与 BP 网络设计相同，需要确定输入层节点数、隐层节点数、输出层节点数。因此，根据 5.6.1 节中 BP 网络对输入层与输出层的设定，确定 RBF 网络中的输入、输出层有相同设置，不同于 BP 网络的则是对隐层节点数的选取，而隐层节点数的确定即需要确定一个径向基函数的网络扩展常数（SPREAD）值。

本书通过 newrbe 函数设计关于模袋混凝土强度预测的 RBF 网络程序，并选出最优的 SPREAD 值 1，即误差平方和越小其值越优。

2．RBF 网络测试结构分析

在此选用同 5.6.2 节中相同的训练样本及测试样本。运用 RBF 网络运行的结果与 BP 网络运行结果对比，见表 5-13。

表 5-13　强度预测结果对比

Tab.5-13　The compare of strength prediction

| 编号 | 实测值（MPa） | BP 网络预测 | | | RBF 网络预测 | | | 比较结果 |
|---|---|---|---|---|---|---|---|---|
| | | 预测值（MPa） | 绝对误差 | 相对误差（%） | 预测值（MPa） | 绝对误差 | 相对误差（%） | |
| 1 | 24.61 | 24.48 | 0.13 | 0.53 | 25.81 | -1.20 | -4.88 | BP 优 |
| 2 | 34.62 | 35.43 | -0.81 | -2.34 | 38.60 | -3.98 | -11.50 | BP 优 |
| 3 | 6.21 | 7.27 | -1.06 | -17.07 | 6.73 | -0.52 | -8.37 | RBF 优 |
| 4 | 31.18 | 31.65 | -0.47 | -1.51 | 28.86 | 2.32 | 7.44 | BP 优 |
| 5 | 22.25 | 22.28 | -0.03 | -0.13 | 21.57 | 0.68 | 3.06 | BP 优 |
| 6 | 23.61 | 23.06 | 0.55 | 2.33 | 22.38 | 1.23 | 5.21 | BP 优 |
| 7 | 19.17 | 19.79 | -0.62 | -3.23 | 20.86 | -1.69 | -8.82 | BP 优 |
| 8 | 18.34 | 17.89 | 0.45 | 2.45 | 15.18 | 3.16 | 17.23 | BP 优 |
| 9 | 11.65 | 11.58 | 0.07 | 0.60 | 11.83 | -0.18 | -1.55 | BP 优 |
| 10 | 18.07 | 17.86 | 0.21 | 1.16 | 17.15 | 0.92 | 5.09 | BP 优 |
| 11 | 22.34 | 21.77 | 0.57 | 2.55 | 21.57 | 0.77 | 3.45 | BP 优 |
| 12 | 32.26 | 32.32 | -0.06 | -0.19 | 30.96 | 1.30 | 4.03 | BP 优 |

续表

| 编号 | 实测值（MPa） | BP 网络预测 | | | RBF 网络预测 | | | 比较结果 |
|---|---|---|---|---|---|---|---|---|
| | | 预测值（MPa） | 绝对误差 | 相对误差（%） | 预测值（MPa） | 绝对误差 | 相对误差（%） | |
| 13 | 26.66 | 27.21 | -0.55 | -2.06 | 27.76 | -1.10 | -4.13 | BP 优 |
| 14 | 29.59 | 29.82 | -0.23 | -0.78 | 28.52 | 1.07 | 3.62 | BP 优 |
| 15 | 41.62 | 43.39 | -1.77 | -4.25 | 41.27 | 0.35 | 0.84 | RBF 优 |

由表 5-13 可以看出，运用 RBF 网络预测出来的模袋混凝土强度与实测值的绝对误差的最大值为 3.98，相对误差绝对值的最大值为 17.23%，其平均预测精度则为 5.95%，同样满足混凝土绝对误差小于 5，相对误差小于 15%的要求，可见 RBF 网络也可比较准确地对模袋混凝土强度进行预测。然而当两种网络的运算结果进行比较时，可以明显地发现 BP 网络优于 RBF 网络，BP 网络预测的平均预测精度优于 RBF 网络预测的 3.4%，结合图 5-9（a）可以看出，RBF 网络预测出的强度值中仍然存在几个离散性较大的数值，图 5-9（b）中可以看到 BP 网络的预测值与实测值之间的拟合曲线的相关系数为 0.9958，RBF 网络的相关系数为 0.965，运用 BP 网络运算出的大部分数据均与实测值吻合，精度高，虽然两者之间差别不是很大，但当综合比较二者精度、程序运行时间、网络泛化能力时，BP 网络更适合本书中模袋混凝土强度的预测。所以在下一节模袋混凝土强度预测的敏感性分析中，统一采用 BP 网络作为运算程序。

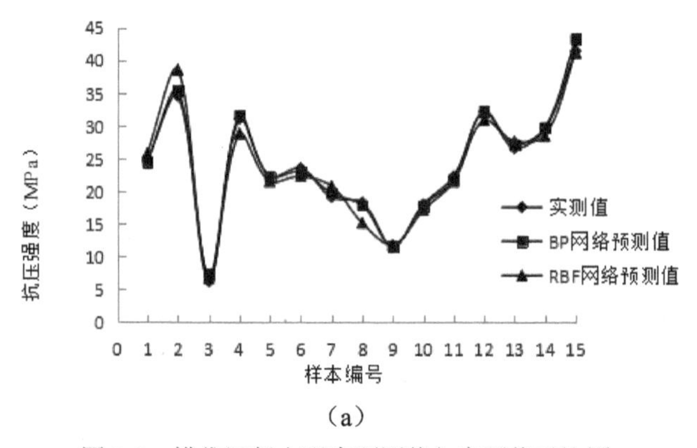


（a）

图 5-9 模袋混凝土强度预测值与实测值对比图

Fig.5-9 Contrast figure mold-bag-concrete strength predicted and the measured values

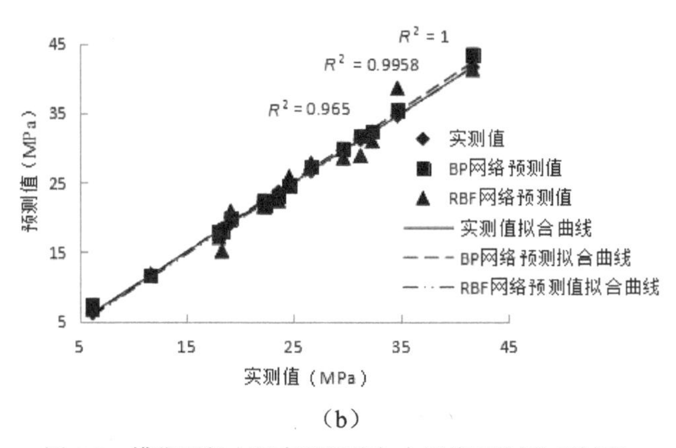


（b）

图 5-9　模袋混凝土强度预测值与实测值对比图（续图）

Fig.5-9　Contrast figure mold-bag-concrete strength predicted and the measured values

## 5.8　模袋混凝土强度预测的敏感性分析

敏感度分析即指从定量分析的角度研究有关因素发生某种变化对某一个或一组关键指标影响的程度的一种不确定分析技术。其实质则是通过逐级改变相关变量数值的方法来解释相关指标受这些因素变动影响的大小规律。

本节中将针对模袋混凝土强度进行敏感性分析，取前文中输入层设定的 6 个因素（质量、尺寸、水泥用量、外加剂、砂率、龄期）作为 6 个变量，研究每个因素对模袋混凝土强度的影响程度。

1．质量因素

本节中将剔除测试样本中芯样质量，观察预测结果，评价芯样试件质量因素对模袋混凝土强度的影响程度。

由表 5-14 可见，剔除质量因素后，预测值与实测值的绝对误差最大值从原来的 1.76MPa 增加到 6.70MPa，其中有 13 组样本的绝对误差都超过 1.0MPa，其平均绝对误差为 2.37MPa，而 15 组中实测值与预测值的相对误差最大值达到 29.31%，且有 5 组的相对误差超过 10%，其平均预测精度为 10.36%。由此可见剔除质量因素后，对强度预测是有所影响的，这主要是由于，在试件体积基本相同的情况下，质量越大，说明试件的密度越大，其内部也相对紧致；而质量小的情况则说明试件内部可能存在空洞等缺陷情况，这是因为模袋混凝土无振捣工序才会出现的情况。因此，预测结果能准确地反应这一缺陷，试件的质量对模袋混凝土强度的预测比较敏感，可以在今后的强度预测中作为输入变量考虑。

表 5-14 剔除质量因素前后模袋混凝土强度预测结果对比

Tab.5-14 Stripping out quality mold-bag-concrete strength prediction results before and after contrast

| 编号 | 质量（g） | 实测值（MPa） | 剔除质量前 | | | 剔除质量后 | | |
|---|---|---|---|---|---|---|---|---|
| | | | 预测值（MPa） | 绝对误差 | 相对误差（%） | 预测值（MPa） | 绝对误差 | 相对误差（%） |
| 1 | 732.4 | 24.61 | 24.48 | 0.13 | 0.53 | 26.47 | -1.86 | -7.56 |
| 2 | 758.7 | 34.62 | 35.43 | -0.81 | -2.34 | 31.82 | 2.80 | 8.09 |
| 3 | 684.7 | 6.21 | 7.27 | -1.06 | -17.07 | 8.03 | -1.82 | -29.31 |
| 4 | 746.0 | 31.18 | 31.65 | -0.47 | -1.51 | 33.19 | -2.01 | -6.45 |
| 5 | 748.1 | 22.25 | 22.28 | -0.03 | -0.13 | 24.37 | -2.12 | -9.53 |
| 6 | 738.1 | 23.61 | 23.06 | 0.55 | 2.33 | 26.30 | -2.69 | -11.39 |
| 7 | 688.3 | 19.17 | 19.79 | -0.62 | -3.23 | 21.26 | -2.09 | -10.90 |
| 8 | 719.6 | 18.34 | 17.89 | 0.45 | 2.45 | 17.78 | 0.56 | 3.05 |
| 9 | 675.9 | 11.65 | 11.58 | 0.07 | 0.60 | 12.87 | -1.22 | -10.47 |
| 10 | 701.4 | 18.07 | 17.86 | 0.21 | 1.16 | 18.77 | -0.70 | -3.87 |
| 11 | 712.6 | 22.34 | 21.77 | 0.57 | 2.55 | 23.71 | -1.37 | -6.13 |
| 12 | 715.2 | 32.26 | 32.32 | -0.06 | -0.19 | 36.22 | -3.96 | -12.28 |
| 13 | 699.2 | 26.66 | 27.21 | -0.55 | -2.06 | 28.60 | -1.94 | -7.28 |
| 14 | 696.8 | 29.59 | 29.82 | -0.23 | -0.78 | 25.75 | 3.84 | 12.98 |
| 15 | 728.0 | 41.62 | 43.39 | -1.77 | -4.25 | 48.32 | -6.70 | -16.10 |

2. 尺寸因素

剔除尺寸因素后的预测强度及对比情况见表 5-15。

由表 5-15 可知，剔除尺寸因素后，15 组数据中的绝对误差只有一组是 5.49MPa，大于 5.0MPa，大部分预测值与实测值相差在 3.0MPa 左右，而相对误差中最大值为 20.59%，其他都能控制在 15%之内，处于合理的范围内，平均预测精度为 9.18%，可见试件的尺寸因素对预测模袋混凝土强度的准确性有一定的影响，但是其敏感程度次于质量因素。

表5-15　剔除尺寸因素前后模袋混凝土强度预测结果对比

Tab.5-15　Stripping out size mold-bag-concrete strength prediction results before and after contrast

| 编号 | 直径（mm） | 高度（mm） | 实测值（MPa） | 剔除尺寸前 | | | 剔除尺寸后 | | |
|---|---|---|---|---|---|---|---|---|---|
| | | | | 预测值（MPa） | 绝对误差 | 相对误差（%） | 预测值（MPa） | 绝对误差 | 相对误差（%） |
| 1 | 75.60 | 75.65 | 24.61 | 24.48 | 0.13 | 0.53 | 23.36 | 1.25 | 5.08 |
| 2 | 75.65 | 74.45 | 34.62 | 35.43 | -0.81 | -2.34 | 30.03 | 4.59 | 13.26 |
| 3 | 75.30 | 74.93 | 6.21 | 7.27 | -1.06 | -17.07 | 6.34 | -0.13 | -2.09 |
| 4 | 75.38 | 74.20 | 31.18 | 31.65 | -0.47 | -1.51 | 27.72 | 3.46 | 11.10 |
| 5 | 75.32 | 75.06 | 22.25 | 22.28 | -0.03 | -0.13 | 24.19 | -1.94 | -8.72 |
| 6 | 75.65 | 74.30 | 23.61 | 23.06 | 0.55 | 2.33 | 26.03 | -2.42 | -10.25 |
| 7 | 74.03 | 73.26 | 19.17 | 19.79 | -0.62 | -3.23 | 18.88 | 0.29 | 1.51 |
| 8 | 74.26 | 74.11 | 18.34 | 17.89 | 0.45 | 2.45 | 21.09 | -2.75 | -15.00 |
| 9 | 74.02 | 73.59 | 11.65 | 11.58 | 0.07 | 0.60 | 12.20 | -0.55 | -4.72 |
| 10 | 74.37 | 73.46 | 18.07 | 17.86 | 0.21 | 1.16 | 18.44 | -0.37 | -2.05 |
| 11 | 74.21 | 73.58 | 22.34 | 21.77 | 0.57 | 2.55 | 24.89 | -2.55 | -11.41 |
| 12 | 73.95 | 73.98 | 32.26 | 32.32 | -0.06 | -0.19 | 36.61 | -4.35 | -13.46 |
| 13 | 74.21 | 74.23 | 26.66 | 27.21 | -0.55 | -2.06 | 32.15 | -5.49 | -20.59 |
| 14 | 74.09 | 74.54 | 29.59 | 29.82 | -0.23 | -0.78 | 25.93 | 3.66 | 12.37 |
| 15 | 74.13 | 73.68 | 41.62 | 43.39 | -1.77 | -4.25 | 39.10 | 2.52 | 6.05 |

3．水泥用量因素

剔除水泥用量因素后的预测强度及对比情况见表5-16。

由表5-16可以看出，当剔除水泥用量这一因素后，预测结果明显地变化了，其中可以发现绝对误差超过5.0MPa的组别有所增加，且15组样本中有近半数的预测值与实测值相差不大，而另一半的预测值与实测值相差很大，这样的预测结果不具有说服性，从相对误差可以看出第9组已达到45.32%，可见剔除水泥用量后，预测数据将发生较大的离群现象，而且3、10、13组的相对误差均超过20%，平均预测精度11.62%，水泥用量因素对模袋混凝土强度预测有较大的敏感度。这样的预测结果与事实刚好相吻合。一般情况下，水泥作为一种胶凝材料，能将混凝土中各相牢固地胶结起来，胶凝材料的成分越大，混凝土强度越大。因此，本节中水泥用量是预测模袋混凝土强度时必不可少的影响因素。后文就不进行水胶比对模袋混凝土强度预测敏感度的分析了，其作用与水泥用量有异曲同工之处。

表 5-16　剔除水泥用量因素前后模袋混凝土强度预测结果对比

Tab.5-16　Stripping out the cement dosage, mold-bag-concrete strength prediction results before and after contrast

| 编号 | 水泥用量（kg/m³） | 实测值（MPa） | 剔除水泥用量前 | | | 剔除水泥用量后 | | |
|---|---|---|---|---|---|---|---|---|
| | | | 预测值（MPa） | 绝对误差 | 相对误差（%） | 预测值（MPa） | 绝对误差 | 相对误差（%） |
| 1 | 312 | 24.61 | 24.48 | 0.13 | 0.53 | 24.10 | 0.51 | 2.07 |
| 2 | 322 | 34.62 | 35.43 | -0.81 | -2.34 | 36.59 | -1.97 | -5.69 |
| 3 | 323 | 6.21 | 7.27 | -1.06 | -17.07 | 7.59 | -1.38 | -22.22 |
| 4 | 320 | 31.18 | 31.65 | -0.47 | -1.51 | 31.04 | 0.14 | 0.45 |
| 5 | 320 | 22.25 | 22.28 | -0.03 | -0.13 | 22.62 | -0.37 | -1.66 |
| 6 | 315 | 23.61 | 23.06 | 0.55 | 2.33 | 23.97 | -0.36 | -1.52 |
| 7 | 330 | 19.17 | 19.79 | -0.62 | -3.23 | 19.58 | -0.41 | -2.14 |
| 8 | 290 | 18.34 | 17.89 | 0.45 | 2.45 | 17.26 | 1.08 | 5.89 |
| 9 | 310 | 11.65 | 11.58 | 0.07 | 0.60 | 16.93 | -5.28 | -45.32 |
| 10 | 310 | 18.07 | 17.86 | 0.21 | 1.16 | 22.85 | -4.78 | -26.45 |
| 11 | 320 | 22.34 | 21.77 | 0.57 | 2.55 | 25.49 | -3.15 | -14.10 |
| 12 | 315 | 32.26 | 32.32 | -0.06 | -0.19 | 35.25 | -2.99 | -9.27 |
| 13 | 288 | 26.66 | 27.21 | -0.55 | -2.06 | 32.98 | -6.32 | -23.71 |
| 14 | 336 | 29.59 | 29.82 | -0.23 | -0.78 | 27.64 | 1.95 | 6.59 |
| 15 | 300 | 41.62 | 43.39 | -1.77 | -4.25 | 38.60 | 3.02 | 7.26 |

4．外加剂因素

剔除外加剂因素后的预测强度及对比情况见表 5-17。

从表 5-17 看出，当剔除外加剂因素后，BP 网络预测值与实测值之间的绝对误差最大值仅为 3.39MPa，相对误差中仅有 3 组样本超过 10%，预测精度为 5.92%。说明外加剂因素剔除后，对模袋混凝土强度的预测精度有所影响，但整体影响不大，预测值仍能代表各组的真实强度。因此在进行网络预测时，可以忽略其对模袋混凝土强度的影响，但如果要求预测精度较高的情况下，仍需对其进行考虑。

表 5-17 剔除外加剂因素前后模袋混凝土强度预测结果对比

Tab.5-17 Stripping out admixture mold-bag-concrete strength prediction results before and after contrast

| 编号 | 外加剂（kg/m³） | 实测值（MPa） | 剔除外加剂前 | | | 剔除外加剂后 | | |
|---|---|---|---|---|---|---|---|---|
| | | | 预测值（MPa） | 绝对误差 | 相对误差（%） | 预测值（MPa） | 绝对误差 | 相对误差（%） |
| 1 | 9.60 | 24.61 | 24.48 | 0.13 | 0.53 | 28.00 | -3.39 | -13.77 |
| 2 | 3.76 | 34.62 | 35.43 | -0.81 | -2.34 | 36.88 | -2.26 | -6.53 |
| 3 | 9.70 | 6.21 | 7.27 | -1.06 | -17.07 | 6.74 | -0.53 | -8.53 |
| 4 | 9.70 | 31.18 | 31.65 | -0.47 | -1.51 | 31.07 | 0.11 | 0.35 |
| 5 | 9.70 | 22.25 | 22.28 | -0.03 | -0.13 | 24.33 | -2.08 | -9.35 |
| 6 | 9.60 | 23.61 | 23.06 | 0.55 | 2.33 | 23.37 | 0.24 | 1.02 |
| 7 | 12.00 | 19.17 | 19.79 | -0.62 | -3.23 | 18.65 | 0.52 | 2.71 |
| 8 | 10.00 | 18.34 | 17.89 | 0.45 | 2.45 | 19.86 | -1.52 | -8.29 |
| 9 | 6.50 | 11.65 | 11.58 | 0.07 | 0.60 | 11.05 | 0.60 | 5.15 |
| 10 | 2.50 | 18.07 | 17.86 | 0.21 | 1.16 | 20.54 | -2.47 | -13.67 |
| 11 | 2.50 | 22.34 | 21.77 | 0.57 | 2.55 | 24.61 | -2.27 | -10.16 |
| 12 | 12.40 | 32.26 | 32.32 | -0.06 | -0.19 | 32.58 | -0.32 | -0.99 |
| 13 | 7.80 | 26.66 | 27.21 | -0.55 | -2.06 | 28.05 | -1.39 | -5.21 |
| 14 | 10.30 | 29.59 | 29.82 | -0.23 | -0.78 | 29.68 | -0.09 | -0.30 |
| 15 | 13.00 | 41.62 | 43.39 | -1.77 | -4.25 | 40.45 | 1.17 | 2.81 |

5. *砂率因素*

剔除砂率因素后的预测强度及对比情况见表 5-18。

由表 5-18 可知，当剔除砂率因素后，实测值与预测值之间的绝对误差整体呈增加的趋势，最大绝对误差值为 3.63MPa。而 15 组样本中相对误差的最大值为 17.79%，其中有 5 组样本的相对误差大于 10%，预测精度为 7.38%，说明砂率对预测强度有一定影响。其主要是由于模袋混凝土不同于普通混凝土，属于自密型混凝土，需要具有较大的流动性，因此对于设计模袋混凝土配合比时需要的砂率要大于普通混凝土。而在进行抗压试验时，混凝土中的粗骨料将承担主要的支撑作用，所以当砂率增大时会对其强度造成一定的影响。

表 5-18 剔除砂率因素前后模袋混凝土强度预测结果对比

Tab.5-18 Stripping out sand ratio before and after the mold bag concrete strength prediction results contrast

| 编号 | 砂率（%） | 实测值（MPa） | 剔除砂率前 | | | 剔除砂率后 | | |
|---|---|---|---|---|---|---|---|---|
| | | | 预测值（MPa） | 绝对误差 | 相对误差（%） | 预测值（MPa） | 绝对误差 | 相对误差（%） |
| 1 | 43.0 | 24.61 | 24.48 | 0.13 | 0.53 | 25.44 | -0.83 | -3.37 |
| 2 | 42.8 | 34.62 | 35.43 | -0.81 | -2.34 | 34.29 | 0.33 | 0.95 |
| 3 | 43.3 | 6.21 | 7.27 | -1.06 | -17.07 | 6.33 | -0.12 | -1.93 |
| 4 | 42.5 | 31.18 | 31.65 | -0.47 | -1.51 | 27.55 | 3.63 | 11.64 |
| 5 | 42.5 | 22.25 | 22.28 | -0.03 | -0.13 | 20.73 | 1.52 | 6.83 |
| 6 | 42.7 | 23.61 | 23.06 | 0.55 | 2.33 | 20.52 | 3.09 | 13.09 |
| 7 | 53.6 | 19.17 | 19.79 | -0.62 | -3.23 | 22.58 | -3.41 | -17.79 |
| 8 | 62.8 | 18.34 | 17.89 | 0.45 | 2.45 | 20.52 | -2.18 | -11.89 |
| 9 | 57.7 | 11.65 | 11.58 | 0.07 | 0.60 | 11.95 | -0.30 | -2.58 |
| 10 | 62.4 | 18.07 | 17.86 | 0.21 | 1.16 | 20.42 | -2.35 | -13.00 |
| 11 | 61.1 | 22.34 | 21.77 | 0.57 | 2.55 | 24.09 | -1.75 | -7.83 |
| 12 | 60.1 | 32.26 | 32.32 | -0.06 | -0.19 | 32.66 | -0.40 | -1.24 |
| 13 | 67.1 | 26.66 | 27.21 | -0.55 | -2.06 | 29.84 | -3.18 | -11.93 |
| 14 | 48.8 | 29.59 | 29.82 | -0.23 | -0.78 | 27.93 | 1.66 | 5.61 |
| 15 | 68.6 | 41.62 | 43.39 | -1.77 | -4.25 | 38.86 | 2.76 | 6.63 |

6．龄期因素

剔除龄期因素后的预测强度及对比情况见表 5-19。

从表 5-19 中看出，当剔除龄期因素后，模袋混凝土的预测与实测值的绝对误差最大值为 7.43MPa，相对误差的最大值也达到 27.87%，其中有 7 组样本的相对误差均超过 10%，预测精度达到 10.78%。可以看出，龄期对模袋混凝土强度预测的敏感度仅次于水泥用量，因此在神经网络预测中是需要考虑的因素。

表 5-19　剔除龄期因素前后模袋混凝土强度预测结果对比

Tab.5-19　Stripping out age before and after the mold-bag-concrete strength prediction results contrast

| 编号 | 龄期（d） | 实测值（MPa） | 剔除龄期前 | | | 剔龄期率后 | | |
|---|---|---|---|---|---|---|---|---|
| | | | 预测值（MPa） | 绝对误差 | 相对误差（%） | 预测值（MPa） | 绝对误差 | 相对误差（%） |
| 1 | 222 | 24.61 | 24.48 | 0.13 | 0.53 | 26.71 | -2.10 | -8.53 |
| 2 | 185 | 34.62 | 35.43 | -0.81 | -2.34 | 38.65 | -4.03 | -11.64 |
| 3 | 913 | 6.21 | 7.27 | -1.06 | -17.07 | 7.67 | -1.46 | -23.51 |
| 4 | 908 | 31.18 | 31.65 | -0.47 | -1.51 | 28.93 | 2.25 | 7.22 |
| 5 | 909 | 22.25 | 22.28 | -0.03 | -0.13 | 24.26 | -2.01 | -9.03 |
| 6 | 177 | 23.61 | 23.06 | 0.55 | 2.33 | 27.18 | -3.57 | -15.12 |
| 7 | 50 | 19.17 | 19.79 | -0.62 | -3.23 | 19.83 | -0.66 | -3.44 |
| 8 | 55 | 18.34 | 17.89 | 0.45 | 2.45 | 20.26 | -1.92 | -10.47 |
| 9 | 51 | 11.65 | 11.58 | 0.07 | 0.60 | 11.75 | -0.10 | -0.86 |
| 10 | 54 | 18.07 | 17.86 | 0.21 | 1.16 | 20.58 | -2.51 | -13.89 |
| 11 | 52 | 22.34 | 21.77 | 0.57 | 2.55 | 26.49 | -4.15 | -18.58 |
| 12 | 37 | 32.26 | 32.32 | -0.06 | -0.19 | 34.09 | -1.83 | -5.67 |
| 13 | 35 | 26.66 | 27.21 | -0.55 | -2.06 | 34.09 | -7.43 | -27.87 |
| 14 | 29 | 29.59 | 29.82 | -0.23 | -0.78 | 28.12 | 1.47 | 4.97 |
| 15 | 45 | 41.62 | 43.39 | -1.77 | -4.25 | 41.98 | -0.36 | -0.86 |

通过对文中 6 种因素的剔除可以发现，分别剔除水泥用量、龄期、质量、试件尺寸、砂率、外加剂这 6 项因素后，模袋混凝土强度的预测精度分别为 11.62%、10.78%、10.35%、9.18%、7.38%、5.92%。对于 BP 神经网络预测强度的重要性也显而易见，水泥用量、龄期、质量、尺寸都是预测中必不可少的输入因素，而砂率及外加剂这两项对强度预测的影响略少，当对预测精度比较宽松或数据不充分时可不考虑。但当需要预测精准时，建议考虑这两项，可以使结果更接近实测值，且更具有说服力。

## 5.9　本章小结

（1）对检验批混凝土强度进行离群值剔除时，发现 t 检验法比格拉布斯检验法更适合模袋混凝土，剔除后，变异系数值均有明显降低，提高了强度推定值准确度。

（2）对于模袋混凝土而言，过镇海的分段式模型能更准确表达其应力-应变全曲线，同时拟合出的模袋混凝土的本构方程精度也更高。

（3）粉煤灰对模袋混凝土的作用机理主要表现出活性效应与微集料填充效应。对于本书研究的模袋混凝土来说，当粉煤灰掺量在 20%～25%时，其效果将发挥到最优。

（4）运用 BP 人工神经网络对模袋混凝土强度进行预测时，选用 8-16-1 结构，主要考虑试件质量、试件尺寸、水泥用量、外加剂用量、砂率、水胶比及龄期对强度的影响。

（5）运用 BP 网络及 RBF 网络对模袋混凝土强度预测的精度都很高，其曲线拟合精度分别达到了 0.9958、0.965。但综合考虑到 BP 网络运行时间短、网络泛指能力强，因此建议使用 BP 网络对模袋混凝土强度进行预测。

（6）运用 BP 神经网络对预测因素进行逐一剔除，发现各影响因素对模袋混凝土强度预测的敏感程度各有不同，各影响因素对预测强度敏感度从高到低分别为水泥用量、龄期、试件质量、试件尺寸、砂率、外加剂，其预测精度为 11.62%、10.78%、10.35%、9.18%、7.38%、5.92%。因此在未来对模袋混凝土强度进行预测时必须对水泥用量、龄期、试件质量、试件尺寸进行考虑，但当预测精度要求高时，还要考虑砂率、外加剂对混凝土强度的影响。

# 第 6 章　模袋混凝土抗冻融性能试验研究

混凝土的抗冻性能是指在吸水饱和状态下，混凝土受到反复冻融循环作用后，仍能保持其力学强度、良好的使用性能和外观的完整性，从而满足正常使用要求的能力。混凝土的抗冻性是评价混凝土材料耐久性的一项重要指标。由第 4 章的研究结论可知:粉煤灰掺量在 25%时，混凝土的力学性能表现良好，但是，内掺 25%粉煤灰的混凝土抗冻性是否依然良好还不尽可知。因此，有必要对其抗冻性能进行评价、分析，探讨粉煤灰对模袋混凝土的抗冻性能影响作用机理。

## 6.1　试验概况

根据《普通混凝土长期性能和耐久性能试验方法标准》（GB/T 50082－2009），冻融试验主要分为慢冻法、快冻法和单面冻融法。慢冻法适用于测定混凝土试件在气冻水融反复作用下所能经受的冻融循环次数指标，试件一般做成立方体或圆柱体；快冻法用于测定混凝土试件在水冻水融的条件下，经受的快速冻融循环次数或抗冻耐久性系数来表示的混凝土抗冻性能，试件采用 100mm×100mm×400mm 的棱柱体；单面冻融法主要用于检验处于大气环境中且与盐或其他腐蚀介质接触的冻融循环的混凝土的抗冻性能，其试件的尺寸为 150mm×110mm×70mm，以试件剥落物的质量、超声相对传播时间和相对动弹性模量为评价指标。

结合河套灌区模袋混凝土衬砌渠道实际应用环境，本书采用快冻法，模拟北方寒区自然条件下的水冻水融环境，来研究粉煤灰掺量对模袋混凝土抗冻性能的影响情况。

本试验设计的模袋混凝土抗冻循环次数为 200 次，每循环 25 次测定其质量损失和超声波波速，试件尺寸 100mm×100mm×400mm，按照第 2 章设计好的配合比，制备 5 组，每组 3 件，合计 15 块试件。试验开始前应把冻融试件从养护地点取出，进行外观检查后，放在 18～22℃水中浸泡 4d，取出后擦除表面水分，在湿润状态下对其质量和超声波测定。测定完成后，将试件放入混凝土快速冻融试验机中进行冻融循环试验，每循环 25 次测定其质量损失和超声波波速。当冻融循环到设计的冻融循环次数，或试件的相对动弹性模量下降到 60%以下，又或试件的质量损失率达 5%时，试验结束，试验过程如图 6-1 所示。

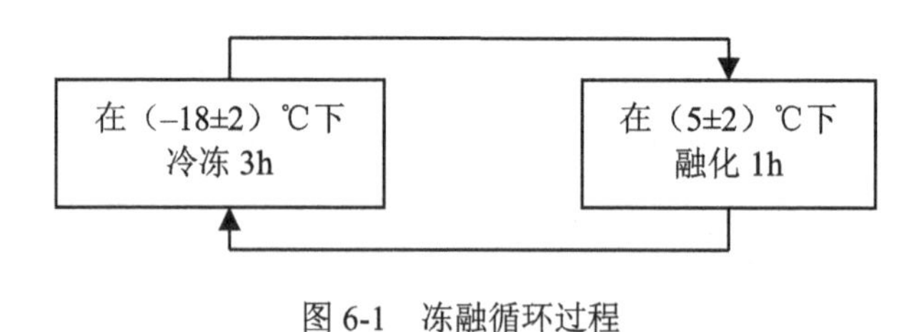


图 6-1　冻融循环过程

Fig.6-1　Freezing-thawing cycle

## 6.2　质量损失率

### 6.2.1　质量损失率试验结果

质量损失率可以在一定程度上表征模袋混凝土的抗冻融性能。在冻融过程中的质量损失主要是在冻融循环的作用下，模袋混凝土内部出现微裂纹和微孔洞，在疲劳应力的反复作用下，胶凝材料和骨料出现碎化、分离和剥落等现象，从而导致质量损失。不同粉煤灰掺量的模袋混凝土在冻融循环过程中的质量损失率见表 6-1。

表 6-1　质量损失率

Tab.6-1　Mass loss rate

| 组别 | 0 次 | 25 次 | 50 次 | 75 次 | 100 次 | 125 次 | 150 次 | 175 次 | 200 次 |
|---|---|---|---|---|---|---|---|---|---|
| 25% | 0.0% | -0.2% | 0.0% | 0.2% | 2.7% | 1.7% | 1.1% | 2.5% | 4.3% |
| 30% | 0.0% | 0.0% | 0.1% | 0.3% | 2.8% | 1.8% | 0.9% | 2.5% | 4.8% |
| 35% | 0.0% | 0.1% | 0.1% | 0.2% | 2.6% | 1.6% | 0.5% | 2.6% | 5.0% |
| 40% | 0.0% | 0.0% | 0.1% | 0.2% | 2.7% | 1.6% | 0.8% | 3.0% | 5.2% |
| 50% | 0.0% | 0.1% | 0.2% | 0.2% | 2.7% | 1.7% | 0.6% | 2.5% | 5.7% |

由表 6-1 可知，冻融循环前期，各组试件质量均会少量增加。这一现象主要有两方面原因，一方面是模袋混凝土在拌和成型、水泥水化及凝结硬化过程中会产生细小的微孔结构，根据 Powers T.C.的静水压力理论，在正负温交替循环作用的环境下，微孔内的空气逐渐被水溶液替代，从而使混凝土质量有所增加；另一方面模袋混凝土在一定冻融次数后，其表面会产生微小裂纹，水会沿微裂纹进入试件内部从而使其质量略微增加，而前期冻融循环造成混凝土损伤而产生的质量损失不大，不足以抵消水溶液进入微裂纹而引起的质量增加，从而在冻融循环前各组试件质量均有所增加[29][61]-[63]。

### 6.2.2　质量损失率试验结果分析

图 6-2 所示为不同粉煤灰掺量的模袋混凝土试件质量损失率随冻融循环次数变化的关系曲线。由图 6-2 可知，在冻融循环的作用下，每组试件的质量损失率的整体趋势均呈现出随着冻融次数的增加而增加的趋势，并且粉煤灰的掺入量越大，质量损失越严重。同时质量损失率伴随有质量波动现象，其质量变化趋势符合 $y=ax+b$ 的线性变化。

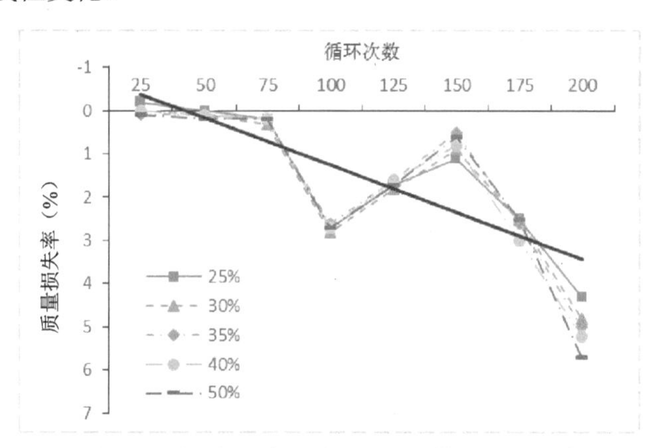


图 6-2　质量损失率与冻融循环次数之间的关系

Fig.6-2　The relationship between mass loss rate and the number of freeze-thaw cycles

产生这一现象主要是因为，试件的含气量较大，内部存在大量孔隙，可以有效地增强试件的抗冻性。在试验前期，冻融破坏主要作用在试件表面，试件表面光滑层逐渐受到破坏，慢慢出现细微裂纹，水分通过表面的细微裂纹进入试件内部，因此各组试件的质量出现少量的增加。但当冻融循环次数超过 75 次后，各组试件的质量均开始明显下降，试件表面光滑层完全破坏、粗糙、脱落，冻融次数在 100～150 次时，出现质量增加现象，是因为试件内部与溶液大面积接触，溶液通过试件孔隙进入试件内部，冻结后，在混凝土内部产生张力，融化后，部分溶液残留在孔隙当中，使试件产生质量增加的现象。150 次以后，质量又开始明显下降，整体损失开始加快，是因为试件与溶液的接触部分的胶凝材料等发生破坏，产生酥松、剥落，导致质量损失增大。

## 6.3 相对动弹性模量

### 6.3.1 相对动弹性模量试验结果

相对动弹性模量是检测冻融损伤的一个重要指标，其变化规律可表征模袋混凝土的冻融损伤程度，反映其内部微细裂纹的开展状况。模袋混凝土受到冻融循环的作用，其内部由密实的堆积状态逐步发展为疏松的开裂状态，内部的细微裂纹随着冻融循环次数的增加而延伸扩展，最终相互贯通破坏，导致相对动弹性模量的下降或无法测出[61][63]。不同粉煤灰掺量的模袋混凝土在冻融循环过程中的相对动弹性模量值见表 6-2。

表 6-2 相对动弹性模量

Tab.6-2 The relatively dynamic elastic

| 组别 | 0 次 | 25 次 | 50 次 | 75 次 | 100 次 | 125 次 | 150 次 | 175 次 | 200 次 |
|---|---|---|---|---|---|---|---|---|---|
| 25% | 100% | 102.5% | 100% | 99.5% | 97.1% | 93.5% | 90.8% | 87.6% | 83.2% |
| 30% | 100% | 101.5% | 99.2% | 98.9% | 92.5% | 88.8% | 85.4% | 82.1% | 76.6% |
| 35% | 100% | 100.6% | 98.8% | 97.2% | 93.7% | 90.3% | 86.3% | 83.3% | 77.4% |
| 40% | 100% | 100% | 97.6% | 94.5% | 90.2% | 86.4% | 81.2% | 74.3% | 65.7% |
| 50% | 100% | 99.4% | 96.5% | 91.2% | 85.4% | 78.6% | 73.4% | 64.5% | 55.4% |

### 6.3.2 相对动弹性模量试验结果分析

相对动弹性模量能够反映出模袋混凝土结构内部损伤快慢的优劣程度，由图

6-3 可知：在冻融循环的作用下，随着冻融次数的增加，每组试件的相对动弹性模量均呈现降低的趋势，而且粉煤灰掺加量越大，下降程度越高。在 50 次冻融循环之前，各组试件的变化率差异不大；从 75 次开始，粉煤灰掺加量为 50%的试件的相对动弹性模量开始明显下降；其他几个掺量的试件下降趋势差别不大。随着试验的进行，30%、35%掺量的试件出现交叉、重合现象。试验进行到 200 次时，各组试件仍具有良好的整体性，只有 50%粉煤灰掺加量的试件超出规定要求，下降到 55.4%。由此可知：模袋混凝土中过大的粉煤灰掺入量，在冻融循环初期，对模袋混凝土抗冻融性能影响不大，但在冻融循环达到一定次数后，混凝土的抗冻融性能明显劣化。

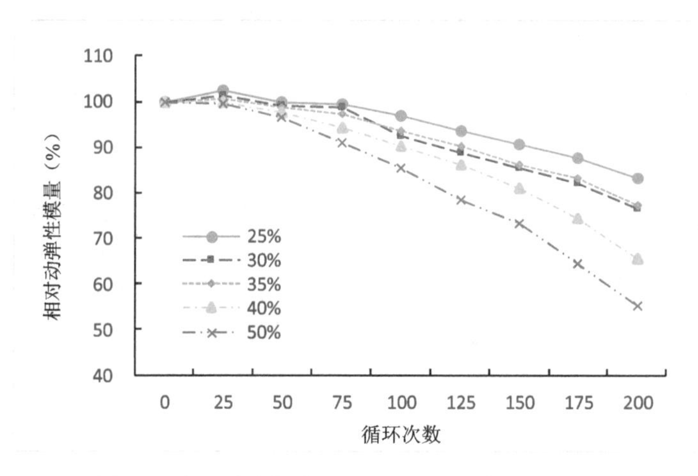


图 6-3　相对动弹性模量与冻融循环次数之间的关系

Fig.6-3　The relationship between the relatively dynamic elastic and the number of freeze-thaw cycles

## 6.4　冻融破坏形态分析

以粉煤灰掺量 25%的试件为例，研究冻融循环次数对形态变化的影响。由图 6-4 可知，整体上看，冻融 200 次后，其整体性能良好，未出现断裂、大面积冻碎现象。冻融 75 次前后，试件表面无明显变化，从 100 次开始到 150 次，试件表面开始明显出现破损掉渣现象，棱角遭到破坏，可以看见部分试件表层脱落露出的石子。175～200 次，试件表面出现明显的松动剥落，两端尤为严重，表面已无完整浆体包裹，部分骨料脱落，各个侧面裸露大量石子，损伤脱落部分具有一定厚度。但整体性能完好，其他不同掺量粉煤灰的试件，损伤情况类似，整体性未受破坏，差别为受损的程度随着粉煤灰掺量的增加而加深。由此可以看出，添加的引气剂对试件的抗冻性能具有明显的改善作用。

（a）冻融 25 次

（b）冻融 50 次

（c）冻融 75 次

图 6-4　冻融前后外观变化

Fig.6-4　Appearance change before and after freezing and thawing

（d）冻融 100 次

（e）冻融 125 次

（f）冻融 150 次

（g）冻融 175 次

图 6-4　冻融前后外观变化（续图）

Fig.6-4　Appearance change before and after freezing and thawing

（h）冻融 200 次

图 6-4　冻融前后外观变化（续图）

Fig.6-4　Appearance change before and after freezing and thawing

## 6.5　本章小结

本章通过模袋混凝土在自然条件下的冻融破坏，对其进行抗冻性能试验，以研究不同粉煤灰掺量的试件在极限环境条件下的抗冻融能力。通过对其质量损失、超声波波速的测定，以质量损失率和相对动弹性模量为评价指标，得出以下结论：

（1）各组试件在冻融初期均有质量略微增加的现象。随着冻融试验的进行，当试验进行到一定循环次数以后，混凝土的质量损失将发生波动现象。通过对质量损失率的拟合分析，得到了混凝土质量损失率同循环次数之间的变化规律。

（2）通过超声波试验，对混凝土试件的波速进行测定，得到了相对动弹性模量与循环次数之间的变化曲线。

（3）通过表观形态分析，掺加粉煤灰的混凝土在进行了 200 次冻融循环试验以后，仍具有良好的整体性，未发生明显的劣化，说明引气剂的掺加，对掺加粉煤灰的混凝土的抗冻性能具有明显的提高作用。

（4）通过抗冻性试验，推荐选取 25%、30%粉煤灰掺量的配合比，即可满足 F200 的要求。

# 第 7 章　现役模袋混凝土抗冻性研究及预测

在混凝土耐久性的众多试验中，混凝土的抗冻性是其最为重要的指标之一。所谓的混凝土抗冻性，即指混凝土在饱和吸水的情况下，经过多次冻融循环，能保持力学性能、良好使用性能及外观完整性的同时也能保障其结构正常且安全使用的能力[64]。因此检测实际工程中的混凝土经过冻融循环试验后的工作性能、安全性都具有重要意义。内蒙古河套灌区是典型的北方寒冷地区，本书即对取自河套灌区现役渠道的模袋混凝土芯样进行抗冻性检验及抗冻性预测，探讨经过冻融循环后的模袋混凝土能否安全、正常地服役，并探讨影响模袋混凝土抗冻性的因素。

## 7.1　试验概况

本次冻融循环试验的试验对象为内蒙古河套灌区中 3 个灌域的 25 个取样点。遵循《普通混凝土长期性能和耐久性能试验方法标准》（GB/T 50082－2009）中“快冻法”的操作流程进行试验。试验试件均采用 $\varphi$75mm×75mm 的圆柱体试件，每组 3 块。试验前将每组试件放入清水中浸泡 4d，之后取出用干布将表面水分擦掉，测定试件在湿润条件下的初始质量及波速。测量后将其放入冻融试验机中的胶桶里进行试验，每隔 10 次冻融循环均测量质量与波速，同时记录数据。当计算后的质量损失率达到 5%或相对动弹性模量下降到 60%时，便可判定模袋混凝土试件被破坏。

## 7.2　试验数据整理分析

### 7.2.1　模袋混凝土冻融循环破坏形态分析

图 7-1～图 7-4 所示为乌兰布和灌域二分干试验段模袋混凝土试件经过 0 次、

50 次、100 次、160 次冻融循环后的形态。可以看到模袋混凝土在经过冻融试验后，从试件的上下两面的圆周边上开始发生边角破坏，随后发展到沿试件表面发生破坏，从表面出现麻面、不平整到浆体呈片状剥落，最后粗骨料完全裸露出来。发生这样的现象主要是由于混凝土内部饱和吸水后，经冷冻，内部吸收的水分结冰，体积发生膨胀，对混凝土试件内部结构发生挤压，经多次反复冷冻-融化过程后使混凝土出现裂纹，同时减弱浆体与骨料之间的连结能力，最终出现图片中的冻胀破坏现象，随之质量损失将呈上升状发展，而超声波波速会呈下降的趋势发展。本书中涉及的 25 组模袋混凝土试件的破坏形式也均呈现相同的趋势，其不同之处则是每组能经受冷冻-融化反复循环的能力及时间不等而已。

图 7-1 0 次冻融循环

Fig.7-1 Zero times freeze-thaw cycle

图 7-2 50 次冻融循环

Fig.7-2 Fifty times freeze-thaw cycle

图 7-3 100 次冻融循环

Fig.7-3 One hundred times freeze-thaw cycle

图 7-4 160 次冻融循环

Fig.7-4 One hundred and sixty times freeze-thaw cycle

### 7.2.2　质量损失率试验结果及分析

本章以乌兰布和灌域模袋混凝土芯样试件的试验结果为例进行分析。并将建设二分干十四标、建设二分干十三标、建设一分干十标、建设二分干试验段、建设一分干八标（永固）、建设一分干八标（济禹）、建设一分干九标，分别标号为 A、B、C、D、E、F、G。

混凝土冻融循环试验的本质即通过冷冻-融化具有破坏性的过程将初始结构致密的混凝土试件变得疏松，其发生的主要现象就是从试件表面光滑变成麻面，进而伴随着片状浆体剥落，水泥石与粗骨料分离致粗骨料外露，因此质量会随之减小。而质量损失率便可在某个层面上说明混凝土的抗冻性。表 7-1 呈现了乌兰布和灌域各检测点的质量损失。

表 7-1　不同冻融循环次数下模袋混凝土的质量损失率
Tab.7-1　The Mass loss rate of mold-bag-concrete through different freeze-thaw cycles

| 冻融循环次数 | 不同组别模袋混凝土的质量损失率/% | | | | | | |
|---|---|---|---|---|---|---|---|
| | A | B | C | D | E | F | G |
| 0 | 0.00 | 0.00 | 0.00 | 0.00 | 0.00 | 0.00 | 0.00 |
| 10 | -0.29 | -0.34 | -0.32 | -0.31 | -0.36 | -0.29 | -0.34 |
| 20 | -0.33 | -0.14 | 0.03 | -0.43 | -0.09 | -0.36 | -0.42 |
| 30 | -0.10 | | 1.29 | -0.44 | 1.11 | -0.39 | -0.35 |
| 40 | 0.33 | | 2.01 | -0.45 | 1.66 | -0.40 | |
| 50 | 1.63 | | 3.41 | -0.38 | | -0.47 | |
| 60 | 2.42 | | | 0.64 | | -0.43 | |
| 70 | 4.31 | | | 0.99 | | -0.35 | |
| 80 | 6.48 | | | 1.34 | | -0.18 | |
| 90 | | | | 1.53 | | -0.15 | |
| 100 | | | | 2.02 | | -0.14 | |
| 110 | | | | 2.91 | | 0.04 | |
| 120 | | | | 3.84 | | 0.06 | |
| 130 | | | | 4.28 | | 0.16 | |
| 140 | | | | 4.50 | | 0.18 | |
| 150 | | | | 4.75 | | 0.25 | |
| 160 | | | | 5.22 | | 0.26 | |

续表

| 冻融循环次数 | 不同组别模袋混凝土的质量损失率/% | | | | | | |
|---|---|---|---|---|---|---|---|
| | A | B | C | D | E | F | G |
| 170 | | | | | | 0.29 | |
| 180 | | | | | | 0.39 | |
| 190 | | | | | | 0.60 | |
| 200 | | | | | | 0.76 | |

为呈现模袋混凝土的质量损失率随冻融次数变化的趋势，将表 7-1 中的数据绘制成折线图，如图 7-5 所示。

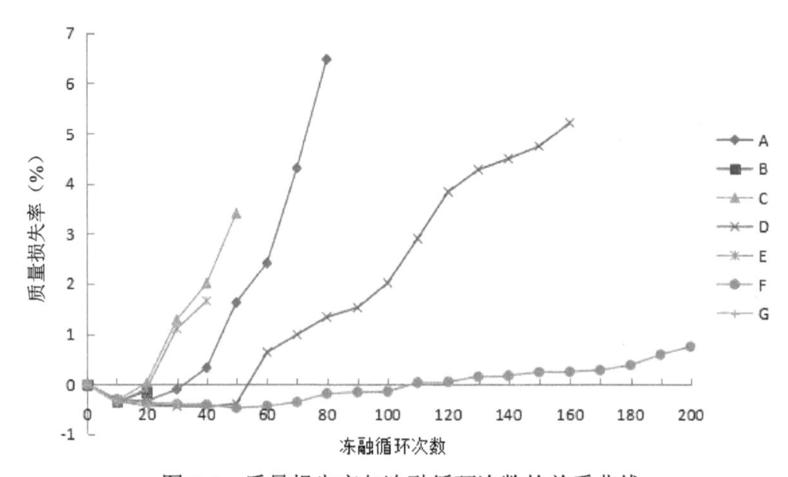


图 7-5　质量损失率与冻融循环次数的关系曲线

Fig.7-5　Relationship between mass loss rate and number of freeze-thaw cycles

从图 7-5 中可以看到，曲线趋势均呈现质量先增加后减小的情况，但其发生的时刻不尽相同。7 组模袋混凝土试件在前 20 次冻融循环时的质量均有所增加，A、D 两组分别在 80 次、160 次冻融循环时质量损失达到 5%，已为破坏程度。B、C、E、G 四组从图表可以看到未达到试件冻融破坏标准，数据就停止测量了，这是由于其相对动弹性模量均下降到 60%以下，试验便终止了。F 组模袋混凝土前 100 次均处于质量增加的情况，直至 200 次其质量损失也不到 1%。质量增加的原因首先是当温度降低时，试件内部部分孔隙中的水会因结冰体积膨胀，将未结冰孔隙中的空气排出，当温度升高时水又会填充孔隙，因此用清水置换出空气，其质量必定会增加。另外，则是由于在冷冻过程中混凝土内部在结冰膨胀的同时必定会带来内部损伤，增加了内部微裂纹的数量，扩大了混凝土内部储水空间，致使试件吸收更多的水分，增加了试件重量。随着冻融过程的循环往复，试件从表面的浆体开始破坏，浆体逐渐脱落，内部裂纹不断增加、贯穿，水泥石与粗骨料分离、脱落，混凝土质量又会减小，呈现出图 7-5 中曲线先增加后减小的形式。

### 7.2.3　相对动弹性模量试验结果及分析

不同冻融循环次数下模袋混凝土的相对动弹性模量见表 7-2。

表 7-2　不同冻融循环次数下模袋混凝土的相对动弹性模量

Tab.7-2　The relative dynamic elastic modulus of mold-bag-concrete through different freeze-thaw cycles

| 冻融循环次数 | 不同组别模袋混凝土的相对动弹性模量/% | | | | | | |
|---|---|---|---|---|---|---|---|
| | A | B | C | D | E | F | G |
| 0 | 100.0 | 100.0 | 100.0 | 100.0 | 100.0 | 100.0 | 100.0 |
| 10 | 100.1 | 81.6 | 95.6 | 100.0 | 74.0 | 103.2 | 84.5 |
| 20 | 101.8 | 48.3 | 86.4 | 100.0 | 73.0 | 104.9 | 59.5 |
| 30 | 115.0 | | 65.7 | 104.6 | 60.6 | 107.3 | 52.0 |
| 40 | 107.2 | | 62.3 | 104.6 | 43.8 | 108.4 | |
| 50 | 102.4 | | 34.8 | 104.6 | | 114.9 | |
| 60 | 95.7 | | | 104.6 | | 112.3 | |
| 70 | 91.6 | | | 105.0 | | 109.8 | |
| 80 | 79.3 | | | 100.0 | | 106.4 | |
| 90 | | | | 95.6 | | 104.9 | |
| 100 | | | | 95.6 | | 104.9 | |
| 110 | | | | 95.6 | | 102.0 | |
| 120 | | | | 93.6 | | 101.7 | |
| 130 | | | | 93.6 | | 100.0 | |
| 140 | | | | 89.4 | | 97.8 | |
| 150 | | | | 87.5 | | 97.2 | |
| 160 | | | | 85.6 | | 95.9 | |
| 170 | | | | | | 94.7 | |
| 180 | | | | | | 87.5 | |
| 190 | | | | | | 86.1 | |
| 200 | | | | | | 85.0 | |

从表 7-2 与图 7-6 中可以看到乌兰布和灌域 7 处模袋混凝土相对动弹性模量与冻融次数的关系。其中 B、C、E、G 四处的相对动弹性模量随冻融次数的增加大幅减小，直至相对动弹性模量下降到 60%以下，试件损坏，且经历的冻融次数都很少。而 A、D、F 三处混凝土均随冻融次数的增加，相对动弹性模量呈现先增加后减小的趋势，且这三组混凝土直至质量损失高于 5%时相对动弹模量都没有下降到 60%，同时可以看到相对动弹性模量下降趋势相对缓慢平和，经历冻融循环次数延长。对于混凝土来说内部均匀分布无害气孔有利于其抗冻融性能[65][66]，从图 7-6 中也可看到相对动弹性模量在冻融初期有所增加的 3 组其冻融次数也较其他几组多，因此可以分析出这三组混凝土中的无害孔较其他四组混凝土中的多，且由于静水压错误!未找到引用源。及渗透压[67]原理，使混凝土中的这些气孔不会轻易饱和，而是经过多次正负温度反复交替后，才会使孔内气体被挤压出来，因此会出现冻融开始前期相对弹性模量有所上升的情况，随后便会由于混凝土内部因冻融过程产生裂缝，发生损伤，导致超声波信号减弱，波速减小，反映在图上便是相对动弹性模量的降低。

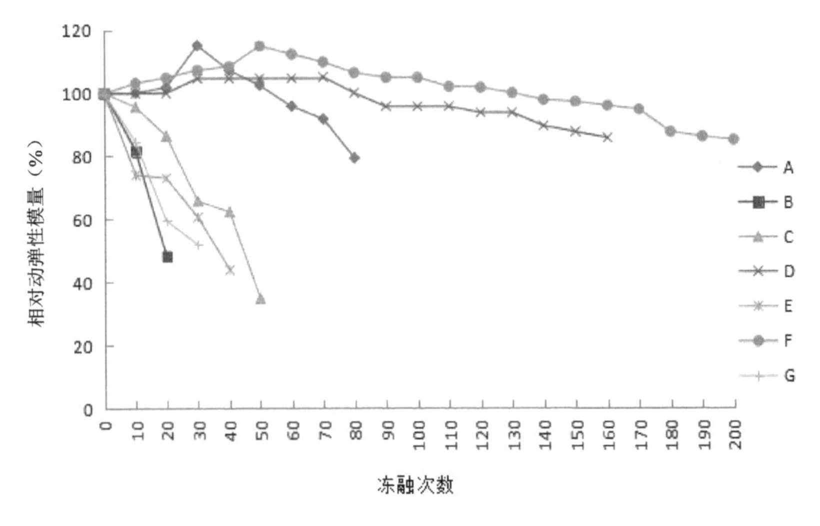


图 7-6 相对动弹性模量与冻融循环次数的关系

Fig.7-6 Relationship between relative dynamic elastic modulus and number of freeze-thaw cycles

通过对乌兰布和灌域模袋混凝土芯样试件冻融试验质量损失及相对动弹性模量的分析可以看到，质量损失与相对动弹性模量都不是评价混凝土冻融破坏的唯一方法，必须将两者结合起来，才能判断准确。同时也能看到模袋混凝土的抗冻融能力还是低于普通混凝土，这也是由于模袋混凝土的浇筑情况异于普通混凝土，会产生不利于抗冻的大气孔，内部结构也不够密实，因此这是研究人员急需解决的一个问题。

## 7.3　微结构特征及机理分析

虽然通过分析质量损失和相对动弹性模量能了解模袋混凝土冻融后的破坏情况，但毕竟是从宏观上进行分析，不能直观地呈现试件内部的变化情况，因此通过微观试验可以更深入地了解混凝土冻融循环后的内部结构构成，更具有说服力。图7-7、图7-8所示为B、D两组模袋混凝土冻融循环后的电镜照片。

（a）B组冻后水泥石与碎石界面（300倍）

（b）B组冻后水泥石（3000倍）

图7-7　B组冻后电镜扫描图像

Fig7-7　The scanning electron microscope images of group B after frozen

从图7-7（a）可以看到冻后的B组模袋混凝土的水泥石与碎石界面明显有一条贯穿裂缝，水泥石上也出现多条裂纹，同时在水泥石上能看到多个骨料脱落后留下的痕迹，可见冻融后水泥石与骨料之间结合较疏松。图7-7（b）将水泥石部分放大3000倍后，可以看到水化产物尺寸较大且相互之间结构疏松，有许多空洞的地方，冻融后生成了针状物质，但是彼此之间没有有效地搭接在一起，降低了水化产物之间的粘聚力，因此导致试件在20次冻融循环后便破坏了。

（a）D组冻后水泥石与碎石界面（300倍）

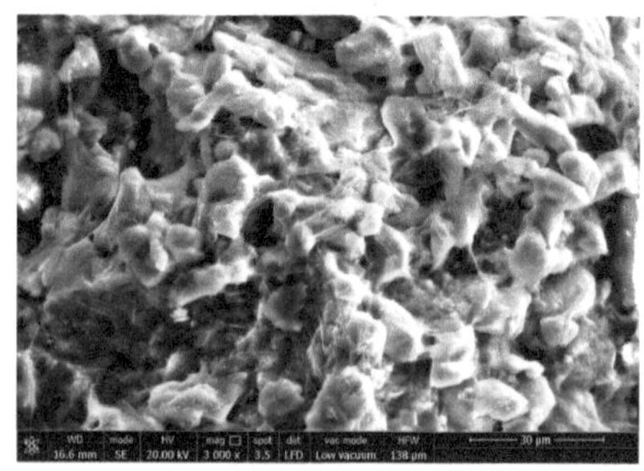

（b）D组冻后水泥石（3000倍）

图7-8 D组冻后电镜扫描图像

Fig.7-8 The scanning electron microscope images of group D after frozen

从图7-8（a）中可以看到冻后D组模袋混凝土水泥石与粗骨料之间的裂缝明显小于B组，而且没有贯穿裂缝，存在一些细微的裂纹，水泥石与骨料之间可以看到缝隙，冻融后结构有些松散，但水泥石与骨料并没有分离；图7-8（b）水泥石放大3000倍后看到水泥水化产物尺寸小，彼此之间联系紧密，冻融后仍然有针状物质产生，但针状物质将水化产物包裹起来，相互紧密地搭接在一起，形成了团状结构。可以看到虽然经过了多次的冻融循环作用，但水泥石中的孔隙较少，个别孔隙中还可以看到有粉煤灰填充，大大增加了结构的稳定性。结合前面的试验结果准确地解释了D组模袋混凝土试件可以经受160次冻融循环的原因。

混凝土质量损失率与相对动弹性模量变化两指标是其抗冻性在宏观上的表现，扫描电镜试验从微观角度进一步解释了混凝土内部因冻融引起的损伤过程。模袋混凝土作为一种自密实混凝土，在配制时往往要求具有较高的坍落度和流动性来满足施工要求，这就需要加入比普通混凝土更多的水。而混凝土内存在被自由水连通的毛细孔，这便是混凝土发生冻融损伤的主要原因。在寒冷地区，混凝土破坏过程是：当内部自由水结冰引起体积增加时，与之接触的混凝土孔隙内壁会由于水结冰膨胀产生的拉应力而出现微小裂纹。随着结冰次数的增加，旧裂纹会变宽、延长演变为裂缝，与此同时，产生的新裂纹会与旧裂纹相互交错、贯穿，通过量的积累造成最终质的破坏，导致混凝土失效、冻融破坏。因此当混凝土中孔隙的饱水程度较高时，受寒冷气候的影响会更显著。根据表 7-3 可以看出乌兰布和灌域的模袋混凝土 7 处取样点的水胶比仅 1 处为 0.47，其余 6 处均 0.55～0.58，而最终冻融次数只有 2 组在 150 次以上，其余 5 组均在 20～80 次，冻融破坏比较严重；乌拉特灌域 5 处模袋混凝土的水胶比在 0.41～0.5，最终的冻融次数几乎在 100 次以上，较之前有所提高，因此针对本书研究的模袋混凝土，当水胶比在 0.45～0.5 时可以在保证流动性及坍落度的同时承受冻融造成损伤的时间也有较大的延长。

表 7-3　各组模袋混凝土的水胶比最大冻融循环次数

Tab.7-3　Each groups mold-bag-concrete of water-binder ratio and maximum freeze-thaw cycles

| 地点 | 乌兰布和灌域 | | | | | | | 乌拉特灌域 | | | | |
|---|---|---|---|---|---|---|---|---|---|---|---|---|
| | 14 标 | 13 标 | 10 标 | 试验 | 8 标（永） | 8 标（济） | 9 标 | 水建 | 河源 | 济禹 | 新禹 | 什巴 |
| 水灰比 | 0.49 | 0.57 | 0.55 | 0.58 | 0.57 | 0.55 | 0.57 | 0.41 | 0.45 | 0.50 | 0.43 | 0.50 |
| 冻融次数 | 80 | 20 | 50 | 160 | 40 | 220 | 30 | 100 | 220 | 110 | 90 | 190 |

## 7.4　利用 BP 网络预测模袋混凝土芯样抗冻性

### 7.4.1　BP 网络的建立

根据第 5 章 5.6 节的介绍建立关于模袋混凝土抗冻性预测的 BP 神经网络，其中训练样本及测试样本均选用本书中对沈乌灌域、乌兰布和灌域、乌拉特灌域 25 处取样点实测的 162 组冻融循环试验数据。随机选取 10 组作为测试样本，剩余 152 组数据作为训练样本。以水胶比、水泥用量、外加剂用量、冻融循环次数等 4 种因素作为输入变量，分别以模袋混凝土相对动弹性模量与模袋混凝土质量损失率作为输出变量进行预测。通过运算得到隐层节点宜在 2～12 取值，而当节点为 12 时的均方误差最小，从而得到网络结构 4-12-1，如图 7-9 所示。

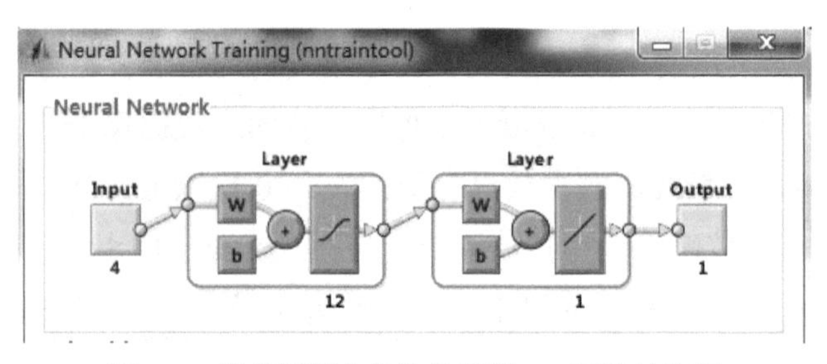


图 7-9　模袋混凝土抗冻性预测 BP 网络结构图

Fig7-9　The BP network structure of mold-bag-concrete frost resistance prediction

### 7.4.2　模袋混凝土相对动弹性模量预测

表 7-4 为 BP 网络预测模袋混凝土相对动弹性模量的 10 组测试样本。训练样本见附录 3。

表 7-4　10 组测试样本

Tab.7-4　10 set of test samples

| 编号 | 水胶比 | 水泥用量（kg/m³） | 外加剂（kg/m³） | 冻融次数 | 相对动弹性模量 |
|---|---|---|---|---|---|
| 1 | 0.47 | 330 | 12.00 | 40 | 107.2 |
| 2 | 0.58 | 290 | 10.00 | 140 | 89.4 |
| 3 | 0.57 | 310 | 6.50 | 10 | 74.0 |
| 4 | 0.55 | 310 | 2.50 | 80 | 106.4 |
| 5 | 0.57 | 320 | 2.50 | 0 | 100.0 |
| 6 | 0.41 | 315 | 12.40 | 90 | 65.9 |
| 7 | 0.45 | 288 | 7.80 | 60 | 106.7 |
| 8 | 0.43 | 300 | 13.00 | 50 | 79.6 |
| 9 | 0.50 | 283 | 15.00 | 10 | 95.3 |
| 10 | 0.49 | 325 | 4.00 | 25 | 55.0 |

从预测模袋混凝土相对动弹性模量的 BP 网络回归分析图 7-10，可以看出，回归系数 $R$=0.9339。仅从回归系数来说，本书中设计的 BP 神经网络模型的训练精度相对较高。经过网络训练后将得到的模袋混凝土相对动弹性模量预测值与实测值进行对比，见表 7-5。

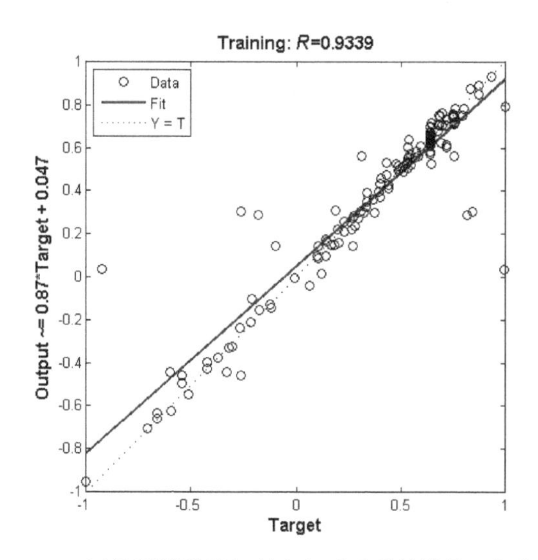


图 7-10 BP 网络预测模袋混凝土相对动弹性模量回归分析图

Fig.7-10 The relative dynamic elastic modulus regression analysis diagram of the BP network mold-bag-concrete

表 7-5 测试样本实测值与预测值对比

Tab.7-5 The comparison of test samples between the measured values and predicted values

| 编号 | 实测值 | 预测值 | 绝对误差 | 相对误差（%） |
|---|---|---|---|---|
| 1 | 107.2 | 106.98 | 0.22 | 0.21 |
| 2 | 89.4 | 91.49 | -2.09 | -2.34 |
| 3 | 74.0 | 87.08 | -13.08 | -17.68 |
| 4 | 106.4 | 106.13 | 0.27 | 0.25 |
| 5 | 100.0 | 100.07 | -0.07 | -0.07 |
| 6 | 65.9 | 67.18 | -1.28 | -1.94 |
| 7 | 106.7 | 106.68 | 0.02 | 0.02 |
| 8 | 79.6 | 81.19 | -1.59 | -2.00 |
| 9 | 95.3 | 93.98 | 1.32 | 1.39 |
| 10 | 55.0 | 54.43 | 0.57 | 1.04 |

由表 7-5 可知，运用 BP 神经网络预测模袋混凝土冻融的相对动弹性模量具有

较好效果。从实测值与预测值之间的绝对误差可以看到，第 3 组相差较大，有 13.08，其他 9 组绝对误差最大值为 2.09，最小值仅有 0.07，可见第 3 组可能存在网络识别错误，可以将其忽略。其他 9 组预测结果很好，从计算得到的相对误差可以看到除第 3 组外，均保持在 2.5%之内，证明预测足够精准，平均预测精度达到 2.69%。

### 7.4.3 模袋混凝土质量损失预测

利用同样输入变量预测模袋混凝土质量损失率，其训练样本见附录 4，测试样本见表 7-6。

表 7-6 10 组测试样本

Tab.7-6 10 set of test samples

| 编号 | 水胶比 | 水泥用量（kg/m³） | 外加剂（kg/m³） | 冻融次数 | 质量损失率 |
|---|---|---|---|---|---|
| 1 | 0.47 | 330 | 12.00 | 60 | 2.42 |
| 2 | 0.55 | 310 | 2.50 | 150 | 0.25 |
| 3 | 0.58 | 290 | 10.00 | 30 | -0.44 |
| 4 | 0.41 | 315 | 12.40 | 100 | -0.24 |
| 5 | 0.45 | 288 | 7.80 | 160 | 0.18 |
| 6 | 0.50 | 336 | 10.30 | 80 | 2.06 |
| 7 | 0.43 | 300 | 13.00 | 70 | -0.26 |
| 8 | 0.50 | 283 | 15.00 | 110 | -0.39 |
| 9 | 0.46 | 320 | 9.70 | 100 | 0.20 |
| 10 | 0.45 | 288 | 7.80 | 220 | 0.97 |

预测后的结果见表 7-7。

表 7-7 测试样本实测值与预测值对比

Tab.7-7 The comparison of test samples between the measured values and predicted values

| 编号 | 实测值 | 预测值 | 绝对误差 | 相对误差（%） |
|---|---|---|---|---|
| 1 | 2.42 | 2.71 | -0.29 | -11.98 |
| 2 | 0.25 | 0.20 | 0.05 | 20.00 |
| 3 | -0.44 | -0.63 | 0.19 | -43.18 |
| 4 | -0.24 | -0.30 | 0.06 | -25.00 |

续表

| 编号 | 实测值 | 预测值 | 绝对误差 | 相对误差（%） |
|---|---|---|---|---|
| 5 | 0.18 | 0.25 | -0.07 | -38.89 |
| 6 | 2.06 | 2.07 | -0.01 | -0.49 |
| 7 | -0.26 | -0.28 | 0.02 | -7.69 |
| 8 | -0.39 | -0.41 | 0.02 | -5.13 |
| 9 | 0.20 | 0.17 | 0.03 | 15.00 |
| 10 | 0.97 | 1.05 | -0.08 | -8.25 |

从表 7-7 中可以看到，根据水胶比、水泥用量、外加剂用量、冻融循环次数 4 个输入变量预测的模袋混凝土质量损失率效果不理想，实测值与预测值之间的绝对误差最大有 0.29，而相对误差最小为 0.49%，最大却达到 43.18%，预测精度也已达到 17.56%。可见当预测质量损失率时，预测浮动比较大，这主要是由于实测值较小，且精度达不到预测要求，因此影响预测值。比较 7.4.2 节，发现本书中 BP 神经网络预测模袋混凝土抗冻性时，预测相对动弹性模量比预测质量损失率更能真实地反应模袋混凝土经过冻融后的效果，可见输入变量与相对动弹性模量之间存在的非线性映射关系更强，所以建议通过预测模袋混凝土冻融后的相对动弹性模量来说明模袋混凝土的抗冻能力。不过随着试验数据的增加，网络预测值会更加理想，之间的非线性关系会更加明显。

## 7.5　利用 RBF 网络预测模袋混凝土芯样抗冻性

根据第 5 章 5.7 节建立模袋混凝土抗冻性预测的 RBF 网络。运用 7.4 节中提到的训练样本及测试样本进行抗冻性预测。

### 7.5.1　模袋混凝土相对动弹性模量预测

运用 RBF 网络运行的相对动弹性模量预测结果与 BP 网络运行结果对比见表 7-8。

从表 7-8 中的对比明显看到在进行模袋混凝土相对动弹性模量预测时，BP 网络优于 RBF 网络，RBF 网络预测的绝对误差的最小值 0.17 与最大值 34.61 均大于

BP 网络预测，相对误差的最大值也达到 46.77%，有 4 组数据均大于 5%，且每组的相对误差值之间的跨度较大，预测精度为 8.95%，比 BP 网络预测精度 2.69%大。因此在进行模袋混凝土冻融后的相对动弹性模量预测时，应该优先选用 BP 神经网络。

表 7-8 相对动弹性模量预测结果对比

Tab.7-8 The results of prediction the relative dynamic elastic modulus

| 编号 | 实测值 | BP 网络预测 | | | RBF 网络预测 | | | 比较结果 |
|---|---|---|---|---|---|---|---|---|
| | | 预测值 | 绝对误差 | 相对误差（%） | 预测值 | 绝对误差 | 相对误差（%） | |
| 1 | 107.2 | 106.98 | 0.22 | 0.21 | 114.41 | -7.21 | -6.73 | BP 优 |
| 2 | 89.4 | 91.49 | -2.09 | -2.34 | 89.57 | -0.17 | -0.19 | RBF 优 |
| 3 | 74.0 | 87.08 | -13.08 | -17.68 | 39.39 | 34.61 | 46.77 | BP 优 |
| 4 | 106.4 | 106.13 | 0.27 | 0.25 | 113.15 | -6.75 | -6.34 | BP 优 |
| 5 | 100.0 | 100.07 | -0.07 | -0.07 | 101.90 | -1.90 | -1.90 | BP 优 |
| 6 | 65.9 | 67.18 | -1.28 | -1.94 | 77.26 | -11.36 | -17.24 | BP 优 |
| 7 | 106.7 | 106.68 | 0.02 | 0.02 | 108.53 | -1.83 | -1.72 | BP 优 |
| 8 | 79.6 | 81.19 | -1.59 | -1.99 | 83.21 | -3.61 | -4.54 | BP 优 |
| 9 | 95.3 | 93.98 | 1.32 | 1.38 | 94.01 | 1.29 | 1.35 | RBF 优 |
| 10 | 55.0 | 54.43 | 0.57 | 1.04 | 53.51 | 1.49 | 2.71 | BP 优 |

### 7.5.2 模袋混凝土质量损失率预测

运用 RBF 网络运行的质量损失预测结果与 BP 网络运行结果对比见表 7-9。

表 7-9 质量损失率预测结果对比

Tab.7-9 The results of prediction the Mass loss rate

| 编号 | 实测值 | BP 网络预测 | | | RBF 网络预测 | | | 比较结果 |
|---|---|---|---|---|---|---|---|---|
| | | 预测值 | 绝对误差 | 相对误差（%） | 预测值 | 绝对误差 | 相对误差（%） | |
| 1 | 2.42 | 2.71 | -0.29 | -11.98 | 2.35 | 0.07 | 2.89 | RBF 优 |
| 2 | 0.25 | 0.20 | 0.05 | 20.00 | 0.29 | -0.04 | -16.00 | RBF 优 |
| 3 | -0.44 | -0.63 | 0.19 | 43.18 | -0.46 | 0.02 | -4.55 | RBF 优 |
| 4 | -0.24 | -0.30 | 0.06 | -25.00 | -0.23 | -0.01 | 4.17 | RBF 优 |

续表

| 编号 | 实测值 | BP 网络预测 | | | RBF 网络预测 | | | 比较结果 |
|---|---|---|---|---|---|---|---|---|
| | | 预测值 | 绝对误差 | 相对误差（%） | 预测值 | 绝对误差 | 相对误差（%） | |
| 5 | 0.18 | 0.25 | -0.07 | -38.89 | 0.21 | -0.03 | -16.67 | RBF 优 |
| 6 | 2.06 | 2.07 | -0.01 | -0.49 | 2.10 | -0.04 | -1.94 | BP 优 |
| 7 | -0.26 | -0.28 | 0.02 | -7.69 | -0.40 | 0.14 | -53.85 | BP 优 |
| 8 | -0.39 | -0.41 | 0.02 | -5.13 | -0.50 | 0.11 | -28.21 | BP 优 |
| 9 | 0.20 | 0.17 | 0.03 | 15.00 | 0.38 | -0.18 | -90.00 | BP 优 |
| 10 | 0.97 | 1.05 | -0.08 | -8.25 | 0.53 | 0.44 | 45.36 | BP 优 |

从表7-9中看到，在预测模袋混凝土质量损失率时，10组检测样本数据中有5组数据的RBF网络预测优于BP网络预测。但从整体预测结果来看RBF网络同BP网络一样也不能很准确地预测质量损失率，其绝对误差最大值0.44，远远大于BP网络绝对误差的最大值0.29，且有6组样本的相对误差都大于10%，最大值已达到90.00%，平均预测精度为26.36%。可见RBF网络也无法准确地预测冻融后模袋混凝土的质量损失率，也就是说质量损失率这一输出变量无论是在BP网络中还是RBF网络中，均与本书中设定的4个输入变量没有良好的非线性或线性关系，因此对冻后相对动弹性模量的预测是非常有意义的，能很好地体现模袋混凝土抗冻性能。

## 7.6　本章小结

（1）经过冻融循环试验后，乌兰布和灌域7组模袋混凝土试件表面均随冻融次数的增加从光滑变得有麻面产生，最后出现凹凸不平、有水泥石或骨料脱落。但由于每组配比与浇筑状况不同，发生破坏的时间与程度也不尽相同。

（2）随冻融次数的不断增加，模袋混凝土内部不断破坏。其中A、B两组混凝土当质量下降到5%以下时相对动弹性模量未下降到60%，而B、C、E、G 4组混凝土破坏时均为相对动弹性模量先下降到60%，F组混凝土截止到200次仍没有达到两种破坏标准。说明对于不同混凝土在经历冻融时，均能表现在内部损伤与表面破损，但两者的敏感程度不同。

（3）通过冻融发现，经受冻融次数较大的混凝土试件的相对动弹性模量均呈现先增加后减小的状态。这是由于混凝土内部均匀分布无害气孔多，这些气孔由于静水压及渗透压原理，使混凝土不会轻易饱和，而是在经过反复的正负温度交替后，才会使孔内气体被挤压出，从而保护了内部结构；经受冻融次数较少的试件的相对动弹性模量都直接大幅下降，这是由于内部孔隙轻易被水分填充，较早地发生了结冰-融水的过程。

（4）通过电镜试验对微观结构的分析可以看到，冻融 20 次便破坏的 B 组，其内部有贯穿主裂缝，并存在许多微小裂纹，且水泥水化产物间结构松散，形成的针状物质没有很好地搭接在一起；冻融 160 次的 D 组内部裂纹较细，水化产物之间结构致密，冻融生成的针状物质将水泥水化产物包裹形成“团状”，彼此之间很好地搭接在一起。结合模袋混凝土的冻融损伤破坏机理得到，模袋混凝土的水胶比影响其抗冻性能，当水胶比在 0.45～0.5 时，既能保证模袋混凝土具有较好的流动性及坍落度，又能提高其冻融循环次数。

（5）运用 BP 网络对模袋混凝土抗冻性进行预测，选用水胶比、水泥用量、外加剂用量、冻融次数做输入变量，确定 BP 网络结构为 4-12-1。

（6）通过对比 BP 网络及 RBF 网络对冻后模袋混凝土相对动弹性模量的预测发现 BP 网络优于 RBF 网络，其预测精度达到 2.69%。

（7）对比 BP 网络及 RBF 网络对冻后模袋混凝土质量损失率的预测发现 RBF 网络与 BP 网络分别都有 5 组预测优于对方，但两组预测精度均大于 15%，结果不具有代表性。

（8）对模袋混凝土来说相对动弹性模量的预测比质量损失率的预测更能代表模袋混凝土的抗冻能力，因此综合来看运用 BP 神经网络预测出的模袋混凝土相对动弹性模量数据能够较真实地反映其抗冻能力。

# 第 8 章　孔结构分析试验研究

## 8.1　试验概况

对于如何从微观角度对冻融破坏进行分析，目前已有研究表明，从冻融破坏的机理分析，美国学者 Powers 提出的静水压理论和渗透压理论，为日后改进混凝土的抗冻性能奠定了理论基础，并从混凝土微观结构上分析，得出了混凝土的孔结构决定混凝土的抗冻性的结论；张德思等通过显微技术观测法，提出了硬化混凝土中的实际含气量、气泡间距指数和抗压强度是影响混凝土抗冻性的决定性因素的结论。杨钱荣、李家正等[67-69]研究了引气剂对混凝土的含气量、气泡间距系数、孔径分布及气泡平均直径等气泡特征参数。总之，气泡间距、孔径分布以及气泡平均直径等数据，对混凝土的抗冻性具有重要影响。

将第 6 章中冻融 200 次后的模袋混凝土试件进行切割，取试件中间部分，切割成 12mm 左右的薄片，经过打磨、涂色后利用气孔分析仪，对试件的气泡间距、孔径结构等数据进行分析。

## 8.2　孔结构分析

### 8.2.1　气泡个数频数

单纯地用含气量的多少来评价混凝土的抗冻性，是片面的、不科学的。气孔的结构，也就是实际气孔的分布情况，包括气孔的大小、数量及其分布都十分重要。而当含气量相同时，气孔的大小和分布情况之间也会有很大的差异[70]。其实影响混凝土抗冻性的主要原因不在于含气量的多少，而是其所含气泡在混凝土结构中所分布的程度、气泡的间距大小和数量。

图 8-1 所示为不同粉煤灰掺量模袋混凝土试件冻融后的不同尺寸气泡分布

图。由图可知：各组试件不同气泡尺寸分布规律明显，整体近似呈正态分布。所含大部分气泡都在 0～100μm，也有部分气泡尺寸达到 200μm，尺寸在 0～500μm 的气泡占大多数，为气泡总数的 80%以上，气泡尺寸超过 1000μm 的气泡，比例不足 10%。

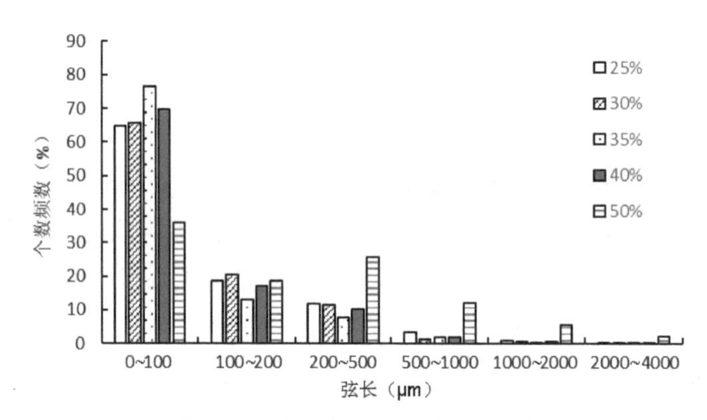


图 8-1 各组试件不同尺寸气泡分布

Fig.8-1 Bubble distribution of different sizes of concrete specimens

组间对比，25%、30%、35%以及 40%粉煤灰掺量的试件气泡个数频数相差不大，气泡尺寸在 0～100μm 范围均已超过 60%，而 50%粉煤灰掺量的试件在该区间频数不足 40%。微小气泡含量较低，对比大尺寸频数，其含量又相对较高，说明粉煤灰的掺入量存在一个稳定区间。在该区间内，粉煤灰的掺加量对气泡个数频数的影响不大。一旦超出这一区间，过大的粉煤灰掺加量会对其气泡个数频数造成影响。而正是因为大量微小气泡的存在，混凝土试件才会具有良好的抗冻性，因此，粉煤灰的含量过高会使抗冻性变差。

### 8.2.2 气泡平均半径

气泡平均半径可以反映混凝土中气泡的大小，从而体现不同粉煤灰掺量混凝土的抗冻性。气泡平均半径可按下式求得：

$$r = \frac{3}{4}l \tag{8-1}$$

式中 $r$——气泡平均半径；

$l$——气泡平均弦长。

由式（8-1）可得不同粉煤灰掺量模袋混凝土试件冻融后的气泡平均半径，见表 8-1。

表 8-1　气泡平均半径
Tab.8-1　Average bubble radius

| 粉煤灰掺量（%） | 25 | 30 | 35 | 40 | 50 |
| --- | --- | --- | --- | --- | --- |
| 气泡平均半径（μm） | 99.75 | 86.25 | 69.75 | 87.00 | 253.50 |

由表 8-1 可知，粉煤灰掺量为 25%、30%、35%、40%的混凝土试件其气泡平均半径均在 100μm 以内，而 50%粉煤灰掺量的混凝土试件的气泡平均半径将近 300μm。这表明，相较后者，前者所含气泡更加微小，更加容易隔断混凝土内部的连通毛细孔。在混凝土冻结时，可以缓冲膨胀压，降低冰点，从而提高混凝土的抗冻性。因此，抗冻性能要优于后者，这也与上文中气泡个数频数关系所推导出的结论相一致。

### 8.2.3　气孔间距系数

对于如何评价混凝土抗冻性能，早在 20 世纪 50 年代，T.C. Powers 就曾提出气泡间距系数可以作为其重要参数。通过其研究，得出当气泡间距系数小于 200μm 时，混凝土具有良好的抗冻性，一般可达到抗冻等级 F300。对于气泡间距系数这一重要参数的影响，界内广泛认可，但就其临界值却存在一定争议。国内外多名专家、学者基于 ASTM C457 中的切割弦长方法展开了对混凝土气泡间距系数临界值的研究[68][72]。

胡泽清等研究发现，气泡间距系数不高于 300μm 的泵送混凝土，气泡间距系数不超过 250μm 的普通非泵送混凝土，气泡主要分布区间为 0.05～2.5mm，不论是否为泵送混凝土，其均表现出较好的抗冻性。李俊毅通过对硬化混凝土气泡间距系数临界值的试验研究，得出对于有抗冻要求的混凝土，气泡间距系数应在 230μm 以下的结论[73]。

严捍东等通过对掺加粉煤灰的混凝土气泡间距系数及其抗冻性能二者关系的研究，结论如下：随着粉煤灰掺量的增大，气泡结构的稳定性能增加，只要掺加粉煤灰的混凝土的气泡间距不超过 500μm，都表现出良好的抗冻性能[74]。

胡江等研究表明，普通混凝土适宜的气泡间距系数为300～400μm，而掺加粉煤灰的混凝土适宜气泡间距系数宜在280～380μm范围内[75]。

以上种种研究均表明，气泡间距系数是评价掺加粉煤灰混凝土抗冻性能的重要指标，对掺加粉煤灰混凝土的抗冻性能的研究具有重要意义。

通过表8-2、表8-3的各组气泡间距系数与气孔数量之间的数据对比，可以看出，各组的气泡间距系数均小于200μm，符合前文中诸多专家学者对有抗冻性能要求的混凝土气孔间距系数范围的推定。同时气孔间距系数同气孔数量成反比，气孔间距系数越大，气孔数量越少。这也验证了过大的气孔间距系数，由于气孔数量的减少，抗冻性能降低的结论。

表8-2 气泡间距系数

Tab.8-2 air void spacing factor

| 粉煤灰掺量（%） | 25 | 30 | 35 | 40 | 50 |
|---|---|---|---|---|---|
| 气泡间距系数（μm） | 168 | 87 | 72 | 158 | 161 |

表8-3 气孔数量

Tab.8-3 the number of pore

| 粉煤灰掺量（%） | 25 | 30 | 35 | 40 | 50 |
|---|---|---|---|---|---|
| 气孔数量 | 1442 | 3340 | 4017 | 1400 | 1807 |

气孔间距系数随着粉煤灰掺量的增加，呈现出先减小后增大的规律。单从气孔间距系数的角度考虑，粉煤灰掺量为30%、35%的混凝土，其抗冻性能要优于其他掺量的混凝土。单从第6章抗冻性的结果来看，二者的抗冻性能并不是最优，由此说明气孔间距系数虽是影响混凝土的关键指标，但不是决定性指标。

### 8.2.4 气泡比表面积

气泡比表面积是混凝土中气泡的总面积与气泡体积的比值。一般来说，气泡的比表面积这一参数不能单独用来评价混凝土气泡的孔径分布，因为即使气泡比表面积相同，但气泡孔径分布仍可能存在较大差异。本书所做的混凝土试件拌和含气量相差不大，因此，气泡比表面积对混凝土试件气泡孔径的分布具有一定的参考价值。从测定的数据表8-4来看，粉煤灰掺量为50%的混凝土比表面积较其他掺量的混凝土要小，根据 ACI 201R 中的研究[62]，混凝土气泡比表面积在 24～43$mm^{-1}$范围内时，混凝土表现出良好的抗冻性，说明 50%粉煤灰掺量的混凝土抗冻性相对较差，这也与第 6 章中的试验结果相吻合。

表 8-4　气泡比表面积

Tab.8-4　specific surface area of pore

| 粉煤灰掺量（%） | 25 | 30 | 35 | 40 | 50 |
|---|---|---|---|---|---|
| 比表面积（$mm^{-1}$） | 30.05 | 34.84 | 43.09 | 34.46 | 11.84 |

## 8.3　本章小结

本章通过对掺加粉煤灰的混凝土进行气孔结构分析试验，从气泡个数频数、气泡平均半径、气孔间距系数、气泡比表面积等方面研究，从微观角度对其抗冻性能进行分析，通过以上数据的分析，得出以下结论：

（1）粉煤灰的掺加量对混凝土的气泡个数频数有一定的影响。一定掺量范围内，气泡个数频数分布无显著差别；当粉煤灰的掺量达到 50%时，微小气泡个数的频数下降，较大气泡个数的频数上升。因微小气泡含量相对较少，故其抗冻性能相对较差。

（2）气泡平均半径方面，50%粉煤灰的掺量的混凝土试件，气泡平均半径大于其余粉煤灰掺量试件的量，也表明其气孔相对较大，不利于抗冻性。

（3）各组混凝土试件的气孔间距系数均小于 200μm，符合前人的研究结论，随着粉煤灰掺量的增加，气孔间距呈现系数先降低、后增大的趋势，同时对比气孔数量，二者呈负相关，即气孔间距系数越大，气泡数量越少。

（4）在含气量相同的条件下，气泡比表面积可以在一定程度上反映气泡孔径的分布。一般来说，气泡比表面积在 24～43$mm^{-1}$范围内时，混凝土具有良好的抗冻性能。50%粉煤灰掺量的试件仅为 11$mm^{-1}$，远低于参考范围，表明该组试件的抗冻性能较其他组差。

# 第 9 章　模袋混凝土试验段检测及评估

## 9.1　试验段实施背景

通过对模袋混凝土配合比进行优化设计研究，已研制出适用于河套灌区渠道衬砌的模袋混凝土实验室配合比[77]。在实际施工过程中，同种原材料性能较实验室差异较大，施工场地气候和环境条件各不相同，实验室配合比并不能直接用于灌区渠道模袋混凝土衬砌施工。因此，有必要根据灌区实际情况进行模袋混凝土试验段铺设，通过调整实验室配合比来因地制宜地确定模袋混凝土施工配合比，为更有效地指导河套灌区模袋混凝土衬砌施工奠定基础。另外，通过前期进行的模袋混凝土渠道衬砌施工，已初步总结出一套适用于河套灌区渠道衬砌的模袋混凝土施工技术方案，制定了初步的施工技术要求和质量控制要点，为模袋混凝土推广应用奠定了基础。但是，在前期施工过程中，部分地区衬砌的模袋混凝土在施工和使用过程中存在浇筑困难、灌注不均、涨袋起拱、表面剥落、整体形变、部分断裂以及抗冻性差等问题，这都对模袋混凝土渠道衬砌技术在内蒙古河套灌区的推广应用造成了困难。针对上述问题，内蒙古农业大学工程结构与材料研究所在实地钻芯取样检测的基础上，以及在进行配合比优化设计研究、力学性能和抗冻性评估过程中，已逐步对模袋混凝土的施工技术要求和质量控制要点进行修正与完善[78][79]。因此，迫切需要按照修正和完善后的施工技术要求与质量控制要点进行模袋混凝土试验段施工，在此基础上检验其实际应用效果并评价其各项指标，以期为模袋混凝土在河套灌区大面积推广应用提供实践参考和理论依据。

## 9.2　试验段概述

根据前文对各试验地点原材料的检测以及配合比的优化设计等后续研究，选取位于巴彦淖尔市磴口县巴彦套海农场的建设二分干渠模袋混凝土渠道衬砌施工段约 200m 进行试验段铺设。试验段基准配合比选用在实验室优化后的磴口基准配合比（表 9-1），在此基础上对试验段实地原材料进行基本性能检测，经试配并反复调整得出优化后的施工配合比（表 9-2），然后进行试验段铺设施工。试验段铺设时间在 2015 年 4 月 14 日，模袋混凝土试验段现场浇筑如图 9-1 所示。

表 9-1　试验段基准配合比

Tab.9-1　Reference mix proportion of test section

| 材料种类 | 胶凝材料 | | 砂 | 碎石 | 水 | 外加剂 | 水灰比 | 砂率 |
|---|---|---|---|---|---|---|---|---|
| | 水泥 | 粉煤灰 | | | | | | |
| 每方用量 | 255 | 85 | 800 | 1017 | 170 | 8.84 | 0.50 | 44% |
| 材料用量比 | 1.00 | | 2.35 | 2.99 | 0.5 | 0.026 | | |

表 9-2　试验段施工配合比

Tab.9-2　Construction mix proportion of test section

| 材料种类 | 胶凝材料 | | 砂 | 碎石 | 水 | 外加剂 | 水灰比 | 砂率 |
|---|---|---|---|---|---|---|---|---|
| | 水泥 | 粉煤灰 | | | | | | |
| 每方用量 | 275 | 85 | 860 | 990 | 190 | 10 | 0.53 | 46% |
| 材料用量比 | 1.00 | | 2.39 | 2.75 | 0.53 | 0.028 | | |

图 9-1　模袋混凝土试验段现场浇筑

Fig.9-1　Cast-in-place of mold-bag concrete in test section

## 9.3 模袋混凝土试验段强度及抗冻性检测

在试验段模袋混凝土铺设完毕后，内蒙古农业大学工程结构与材料研究所于2015年6月3日对试验段模袋混凝土进行钻芯取样（图9-2），对试验段模袋混凝土的强度、抗冻性进行检测和评估。现场钻取芯样直径为75mm，高约100mm，由于模袋混凝土的可塑性，其两端并不平整，对于芯样试件而言，试件加工情况对力学强度影响比较敏感，因此利用红外线切割机对芯样进行二次加工时要格外小心，去掉芯样两端不平整处，使芯样高径比近似为1（图9-3）。

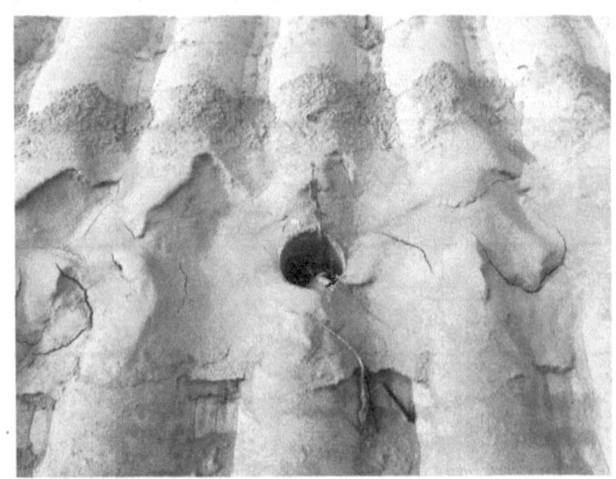

图9-2　模袋混凝土试验段钻芯取样

Fig.9-2　Drill sample of mold-bag concrete in test section

图9-3　模袋混凝土试验段试样加工

Fig.9-3　Sample processing of mold-bag concrete in test section

### 9.3.1 模袋混凝土试验段力学性能检测

对加工好的芯样试件进行抗压强度试验之前，先用游标卡尺在试件中部相互垂直的两个位置测量直径和高度并计算平均值。利用微机控制电液伺服万能试验机（WAW-300C），对取回的芯样进行抗压试验。根据试验段模袋混凝土的浇筑时间与取芯时间，即可知检测时混凝土批样的龄期已达到 50d，根据《钻芯法检测混凝土强度技术规程》（CECS03:2007）中计算检测批混凝土强度的方法，得到试验段混凝土强度推定值为 17.4MPa。试验段力学性能检测详见表 9-3。

表 9-3 力学性能检测情况汇总

Tab.9-3 Summary of mechanical property tests

| 序号 | 芯样重量（g） | 芯样直径（mm） | | | 芯样高度（mm） | | | 破坏荷载（kN） | 抗压强度（MPa） | 强度推定值（MPa） |
|---|---|---|---|---|---|---|---|---|---|---|
| | | 单值 1 | 单值 2 | 均值 | 单值 1 | 单值 2 | 均值 | | | |
| 1 | 717.2 | 74.24 | 74.10 | 74.17 | 74.40 | 73.64 | 74.02 | 25.77 | 20.58 | 17.4 |
| 2 | 714.1 | 74.30 | 74.64 | 74.47 | 73.22 | 73.24 | 73.23 | 28.09 | 24.46 | |
| 3 | 716.1 | 74.24 | 74.26 | 74.25 | 73.20 | 73.56 | 73.38 | 19.13 | 17.03 | |
| 4 | 733.4 | 74.30 | 74.28 | 74.29 | 74.00 | 74.06 | 74.03 | 18.75 | 22.45 | |
| 5 | 716.4 | 74.30 | 74.34 | 74.32 | 74.10 | 73.74 | 73.92 | 20.20 | 15.39 | |
| 6 | 719.6 | 74.30 | 74.22 | 74.26 | 74.32 | 73.90 | 74.11 | 21.65 | 14.72 | |
| 7 | 723.1 | 74.32 | 74.30 | 74.31 | 74.54 | 74.26 | 74.40 | 18.34 | 15.39 | |
| 8 | 715.0 | 74.26 | 74.40 | 74.33 | 74.60 | 74.06 | 74.33 | 20.12 | 25.24 | |
| 9 | 721.8 | 74.32 | 74.14 | 74.23 | 74.00 | 73.44 | 73.72 | 18.86 | 20.06 | |

### 9.3.2 模袋混凝土试验段抗冻性检测

利用“快冻法”对试验段模袋混凝土芯样试件进行冻融循环试验，试验之前将每组试件放入清水中浸泡 4d，之后取出用干布将表面水分擦掉，测定试件在湿润条件下的初始质量及波速。测量后将其放入冻融试验机中的胶桶里进行试验，每隔 10 次冻融循环均测量质量与波速，同时记录数据。当计算后的质量损失率达到 5%或相对动弹性模量下降到 60%时，便可判定模袋混凝土试件被破坏。

（1）质量损失率检测结果。

试验段模袋混凝土芯样试件在不同冻融循环次数下的质量损失率，见表 9-4。

表 9-4 不同冻融循环次数下的质量损失率测定值（%）
Tab.9-4 The Mass loss rate through different freeze-thaw cycles

| 冻融循环次数 | 0 次 | 10 次 | 20 次 | 30 次 | 40 次 | 50 次 | 60 次 | 70 次 | 80 次 |
|---|---|---|---|---|---|---|---|---|---|
| 质量损失率 | 0 | -0.31 | -0.43 | -0.44 | -0.45 | -0.38 | 0.64 | 0.99 | 1.34 |
| 冻融循环次数 | 90 次 | 100 次 | 110 次 | 120 次 | 130 次 | 140 次 | 150 次 | 160 次 | |
| 质量损失率 | 1.53 | 2.02 | 2.91 | 3.84 | 4.28 | 4.5 | 4.75 | 5.22 | |

（2）相对动弹性模量检测结果。

试验段模袋混凝土芯样试件在不同冻融循环次数下的相对动弹性模量，见表 9-5。

表 9-5 不同冻融循环次数下的相对动弹性模量（%）
Tab.9-5 The relative dynamic elastic modulus through different freeze-thaw cycles

| 冻融循环次数 | 0 次 | 10 次 | 20 次 | 30 次 | 40 次 | 50 次 | 60 次 | 70 次 | 80 次 |
|---|---|---|---|---|---|---|---|---|---|
| 质量损失率 | 100 | 100 | 100 | 104.6 | 104.6 | 104.6 | 104.6 | 105 | 100 |
| 冻融循环次数 | 90 次 | 100 次 | 110 次 | 120 次 | 130 次 | 140 次 | 150 次 | 160 次 | |
| 质量损失率 | 95.6 | 95.6 | 95.6 | 93.6 | 93.6 | 89.4 | 87.5 | 85.6 | |

## 9.4 冻融后微结构特征及机理分析

混凝土质量损失率与相对动弹性模量变化两指标是其抗冻性宏观上的表现，扫描电镜试验从微观角度进一步解释了混凝土内部因冻融引起的损伤过程。因此通过微观试验可以更深入地了解模袋混凝土冻融循环后的内部结构构成，具有说服力。图 9-4 所示为试验段模袋混凝土冻融循环后的电镜照片。

从图 9-4（a）中可以看到冻后试验段模袋混凝土水泥石与粗骨料之间的裂缝较小，而且没有贯穿裂缝，存在一些细微的裂纹，水泥石与骨料之间可以看到缝隙，冻融后结构有些松散，但水泥石与骨料并没有分离；从图 9-4（b）水泥石放大 3000 倍后看到水泥水化产物尺寸小，彼此之间联系紧密，冻融后仍然有针状物质产生，但针状物质将水化产物包裹起来，相互紧密地搭接在一起，形成了团状结构，可以看到虽然经过了多次的冻融循环作用，但水泥石中的孔隙较少，个别孔隙中还可以看到有粉煤灰填充，大大增加了结构的稳定性。结合前面的检测结果准确地解释了试验段模袋混凝土试件可以经受 160 次冻融循环的原因。

（a）水泥石与碎石界面（300 倍）

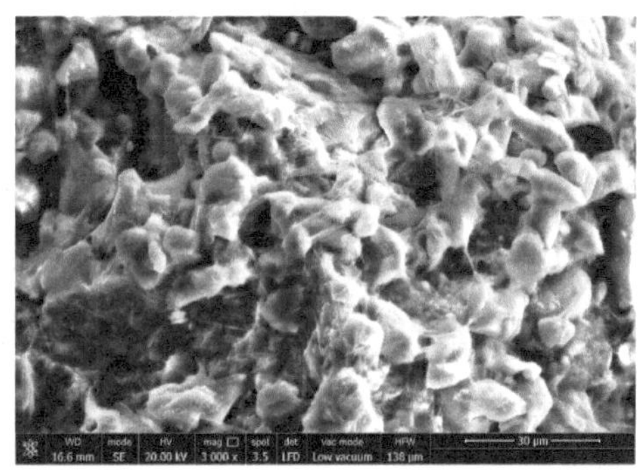

（b）水泥石（3000 倍）

图 9-4　试验段模袋混凝土冻后电镜扫描图像

Fig.9-4　The scanning electron microscope images of mold-bag concrete in test section after frozen

## 9.5　模袋混凝土试验段评估

经过对模袋混凝土试验段进行检测，试验段的模袋混凝土抗压强度推定值为 17.4MPa，基本满足设计要求；虽在冻融循环达到 160 次时，质量损失超过 5%，未满足 F200 次的设计要求，但 160 次时对动弹性模量尚可达到 85.6%，较优化前的模袋混凝土配合比抗冻性有较大提高。未满足 F200 次的设计要求，原因主要如下：

（1）虽然原材料的产地、厂家、规格没有改变，但各批次之间原材料的性状还存在一定的波动现象。

（2）实验室试验环境同实际施工环境存在差异，施工期间的天气、温度等外部环境因素，会对模袋混凝土的性能产生影响。因此，实验室得到的结果不能完全代表工程实际的结果。

（3）搅拌站的模袋混凝土拌和时间过短，各原材料混合不够充分。

以往河套灌区在使用模袋混凝土进行渠道衬砌时，由于缺乏施工经验，技术力量参差不齐，没有适当的配合比，部分地区衬砌的模袋混凝土在施工时存在浇筑困难、灌注不均、涨袋起拱等现象，后期使用过程中会发生表面剥落、整体形变、部分断裂以及抗冻性差等问题。而在进行模袋混凝土试验段施工时，由于施工配合比按照优化后的基准配合比并结合施工现场实际情况进行调整，施工过程严格按照施工技术要求和质量控制要点进行，因此施工时并未发生浇筑困难、灌注不均、涨袋起拱等现象（图 9-1）；为了解模袋混凝土试验段后期使用效果，相关检测人员于 2017 年 1 月再次前往河套灌区乌兰布和灌域建设二分干渠模袋混凝土试验段进行现场踏勘（图 9-5），在踏勘过程中发现：面对河套灌区严酷的自然环境，经过 3 年（2014－2017 年）的使用运行，模袋混凝土试验段并未发生表面剥落、整体形变、部分断裂以及抗冻性差等问题。由此说明：模袋混凝土试验段在河套灌区适应性良好，相关研究成果和技术指标可在北方寒区模袋混凝土渠道衬砌中推广应用。

图 9-5　模袋混凝土试验段现状（2017）

Fig9-5　Present situation of mold-bag concrete in test section in 2017

## 9.6　本章小结

通过进行模袋混凝土试验段铺设并对其强度、抗冻性进行检测及评价，证明配合比优化设计研究的相关成果和建立的技术指标可以用来指导北方寒区模袋混凝土渠道衬砌施工。在运用优化后的各地区配合比时，要结合施工现场原材料和环境等实际情况因地制宜地对配合比进行试配调整，要严格按照施工技术要求和质量控制要点进行模袋混凝土衬砌施工。

# 第10章 结 语

## 10.1 结 论

本研究依托内蒙古河套灌区节水改造工程农田输水渠道衬砌项目，采用模袋混凝土技术对灌区渠道进行衬砌。通过对各试验地点原材料的检测，参考现役模袋混凝土配合比对模袋混凝土配合比优化设计。对优化后的配合比进行力学性能试验、冻融循环试验、孔结构分析试验并进行模袋混凝土试验段铺设，全面开展优化后的模袋混凝土配合比在河套灌区的适应性研究，为模袋混凝土在北方寒区渠道衬砌中的应用提供强有力的理论支撑。此外，还针对现役模袋混凝土衬砌渠道的力学性能和耐久性缺乏系统与合理的评价的空白点，对河套灌区三个灌域25个取样点的模袋混凝土试件进行了抗压及抗冻性能检测，利用环境扫描电镜观察了试件的微观形貌，并利用 BP、RBF 两种网络对强度及抗冻性进行预测，为模袋混凝土在北方寒区大面积推广应用奠定了基础。本书通过取样检测和试验研究，结合理论分析，得到以下主要结论：

（1）经检测，在本试验项目中，蒙西水泥较千峰、草原二者更加符合本试验对水泥的要求，应优先选用。前旗试验点的砂子含泥量过大，已经不能满足《建筑用砂》（GB/T 14684－2011）等规范对所用砂子的要求，仅作为其他试验点的对比试验。可见，不同试验地点各原材料的性能不尽相同，而材料性能对配合比的设计具有重要影响，因此，应在满足相关规范的最低条件下，择优选用。

（2）对现役模袋混凝土（2014 年浇筑）进行钻芯取样，经检测，各试验地点的模袋混凝土抗冻性能未达到设计要求。分析原因，鉴于模袋混凝土自身的特点，需要较大的水灰比，而各取样地点的配合比仅使用萘系减水剂，萘系减水剂虽具有良好的减水效果，但经时坍落度损失率较大，同时均未添加引气剂，因此抗冻性能较差。

（3）经过反复试验，在保证含气量6%左右的前提下，改变粉煤灰的不同掺加量，最终确定模袋混凝土优化后的配合比。

（4）通过力学性能试验，试件的7d、28d立方体抗压强度，随着粉煤灰掺量的增加，整体呈现逐步降低的趋势。当粉煤灰的掺入量达到一定程度后，会抑制试件的早期强度。同时，过大的含气量，也会在一定程度上降低混凝土的力学性能。因此，在粉煤灰的掺加量超过40%时，其力学性能已不能满足设计要求。而当粉煤灰掺加量相对较少，在25%、30%时，其28d强度差别不大。

（5）通过冻融循环试验，各组试件表观外形均保持良好形态，质量损失率先增大后减小再增大，整体呈下降趋势。在冻融循环200次后，除25%、30%粉煤灰掺量的试件外，其余各组质量损失率均已达到5%。

（6）利用非金属超声波检测分析仪，对各组试件的相对动弹性模量进行检测。结果显示，相对动弹性模量随着冻融次数的增加逐步降低。在冻融循环200次后，只有50%粉煤灰掺量的试件的相对动弹性模量下降到60%以下，其余各组均符合设计要求。

（7）从微观角度对各组试件的抗冻性能进行分析。通过测量气泡个数频数、气泡平均半径、气孔间距系数、气泡的比表面积等指标，结果表明50%粉煤灰掺量的试件与其他各组相比抗冻性能较差，这与冻融循环试验得出的结论一致。

（8）在对模袋混凝土进行抗压试验分析中发现，当对检验批混凝土强度进行离群值剔除时，发现t检验法比格拉布斯检验法更适合模袋混凝土。剔除后，变异系数值均有明显降低，提高了强度推定值准确度。

（9）对于模袋混凝土而言，过镇海的分段式模型能更准确表达其应力-应变全曲线，同时拟合出的模袋混凝土的本构方程精度也更高。

（10）通过分析冻融循环试验数据及现象得到，乌兰布和灌域7组模袋混凝土试件表面均随冻融次数的增加从光滑变得有麻面产生，最后出现凹凸不平、有水泥石或骨料脱落。但由于每组配比与浇筑状况不同，发生破坏的时间与程度也不尽相同。

（11）随冻融次数的不断增加，模袋混凝土内部不断破坏。其中A、B两组混凝土当质量下降到5%以下时相对动弹性模量未下降到60%，而B、C、E、G四组混凝土破坏时均为相对动弹性模量先下降到60%，F组混凝土截至到200次仍没有达到两种破坏标准。说明对于不同混凝土在经历冻融时，均能表现在内部损伤与表面破损，但两者的敏感程度不同。

（12）通过冻融发现，经受冻融次数较大的混凝土试件的相对动弹性模量均呈现先增加后减小的状态，这是由于混凝土内部均匀分布多个无害气孔。这些气孔由于静水压及渗透压原理，使混凝土不会轻易饱和，而是在经过反复的正负温度交替后，才会使孔内气体被挤压出，从而保护了内部结构；经受冻融次数较小的试件的相对动弹性模量都直接大幅下降，这是由于内部孔隙轻易被水分填充，较早地发生了结冰-融水的过程。

（13）通过电镜试验对微观结构的分析可以看到，冻融 20 次便破坏的 B 组，其内部存在贯穿主裂缝，并有许多微小裂纹，且水泥水化产物间结构松散，形成的针状物质没有很好地搭接在一起，而冻融 160 次的 D 组内部裂纹较细，水化产物之间结构致密，冻融生成的针状物质将水泥水化产物包裹形成“团状”，彼此之间很好地搭接在一起。

（14）通过运用 BP 神经网络及 RBF 神经网络对模袋混凝土强度预测得到，BP 网络建立选用 8-16-1 结构，主要考虑试件质量、试件尺寸、水泥用量、外加剂用量、砂率、水胶比及龄期对强度的影响；两种网络对模袋混凝土强度的预测精度都很高，曲线拟合精度分别达到了 0.9958、0.965。但综合考虑到 BP 网络运行时间短、网络泛指能力强，因此建议使用。

（15）运用 BP 神经网络对强度预测因素进行逐一剔除，发现各影响因素对模袋混凝土强度预测的敏感程度各有不同，各影响因素对预测强度敏感度从高到低分别为水泥用量、龄期、试件质量、试件尺寸、砂率、外加剂，其预测精度为 11.62%、10.78%、10.35%、9.18%、7.38%、5.92%。因此在未来对模袋混凝土强度进行预测时必须对水泥用量、龄期、试件质量、试件尺寸进行考虑，而当预测精度要求高时，还要考虑砂率、外加剂对混凝土强度的影响。

（16）通过运用 BP 神经网络及 RBF 神经网络对模袋混凝土抗冻性预测得到，BP 网络结构为 4-12-1，选用水胶比、水泥用量、外加剂用量、冻融次数做输入变量。

（17）通过对比 BP 网络及 RBF 网络对冻后模袋混凝土相对动弹性模量及质量损失率的预测发现，预测相对动弹性模量时 BP 网络优于 RBF 网络，其预测精度达到 2.69%；预测质量损失率时两种网络均不能真实地反应实测值，预测精度均大于 15%，效果不佳。

（18）对模袋混凝土来说相对动弹性模量的预测比质量损失率的预测更能代表模袋混凝土的抗冻能力，因此综合来看，运用 BP 神经网络预测出的模袋混凝土相对动弹性模量数据能够较真实地反映其抗冻能力。

（19）通过进行模袋混凝土试验段铺设并对其强度、抗冻性进行检测及评价，证明配合比优化设计研究的相关成果和建立的技术指标可以用来指导北方寒区模袋混凝土渠道衬砌施工。在运用优化后的各地区配合比时，要结合施工现场原材料和环境等实际情况因地制宜地对配合比进行试配调整，要严格按照施工技术要求和质量控制要点进行模袋混凝土衬砌施工。

## 10.2　展　　望

本书通过对河套灌区模袋混凝土进行配合比优化设计研究，并对现役模袋混凝土力学性能与抗冻性能进行检测及评估预测，为模袋混凝土在渠道衬砌中的应用提供强有力的理论支撑，对模袋混凝土在北方寒区大面积推广应用具有重要意义。但由于时间和试验条件等方面的原因，研究的内容并不详尽，仍有需要完善和进一步研究的必要。

（1）在各试验地点的原材料选取上，选择略显单一，只选取了当地施工单位推荐料场的原材料，还可能存在其他优质料场，应该选取两个或以上料场的原材料进行对比，择优使用。

（2）在现役模袋混凝土的检测过程中，信息收集不够完善，只收集到配合比资料，还应该收集相关原材料的信息。

（3）在对检测批混凝土试件强度及抗冻性试验研究时，本文仅采用了 $\Phi$75mm ×75mm 的圆柱体试件，未对多种直径尺寸试件进行抗压试验检测工作，建议在今后的研究中加以考虑，分析出不同直径的试件对检测结果的影响，总结出不同直径试件的影响系数，加强检测数据的准确性。

（4）在对孔结构分析试验研究的过程中，仅对冻融循环后的试件进行了分析研究，没有保留未经受冻融破坏的对照组，应该预留对照组，进行对比分析。

（5）在使用神经网络时其输入层与输出层均由设计者根据研究的具体问题主观设定，由于混凝土的不同其影响因素也不同，本文中研究的模袋混凝土，在抗压模型中输入层选取6个影响因素（芯样质量、芯样尺寸、水泥用量、外加剂用量、砂率、龄期）、在抗冻性模型中输入层选取4个影响因素（水胶比、水泥用量、外加剂用量、冻融循环次数）。在下一步研究中也可以考虑其他的影响因素作为输入层，如考虑骨料粒径、水泥强度、模袋混凝土中孔的分布、孔径大小等因素对其强度及抗冻性的影响。

（6）在试验段的铺设过程中，原计划对25%、30%粉煤灰掺量的两组配合比进行实际铺设，由于客观原因，仅对25%粉煤灰掺量的配合比进行了铺设，应增加30%粉煤灰掺量配合比；对铺设的试验段进行检测，虽然抗冻次数达到160次，较之前有大幅度提高，但仍未满足F200的设计要求，由于时间等因素，作者并没有进一步改进、调整配合比，应该分析各方面原因，对配合比进行二次调整，最后满足F200的设计要求。

# 附录 1　利用 BP 神经网络预测模袋混凝土强度及抗冻性训练程序

```
clc
clear all
close all
warning off
data=xlsread('242,训练样本.xlsx');
L=size(data,1);
pd=data(1:end,1:end)';
[pn,minp,maxp]=premnmx(pd);

px=pn(2:end-1,1:end);
py=pn(end,1:end);
netS=cell(1,10);
tag=1;
for k=4:2:16
    net1=newff(minmax(px),[k,1],{'tansig','purelin'},'trainlm');
    net1.trainParam.show=1;
    net1.trainParam.epochs=1000;
    net1.trainParam.goal=0.000001;
    net1.trainParam.max_fail=10;
    net1=init(net1);
    [net1,tr,Y,E]=train(net1,px,py);
    s=sim(net1,px);
    netS{tag}=net1;
    er(tag)=mse(py-s);
    tag=tag+1;
end
k=4:2:16;
plot(k,er,'-b^');
xlabel('隐层权节点个数');
ylabel('均方误差');
index=find(er==min(er));
```

```
best_K=k(index(1));
Best_net=netS{index(1)};

data=xlsread('15 个测试样本.xlsx');
pd1=data';
[PN]=tramnmx(pd1,minp,maxp);
pX=PN(2:end-1,:);
pY=data(:,end);

pp=sim(Best_net,pX);
pp=postmnmx(pp,minp(end),maxp(end));
figure;
plot(pY,'go');
hold on
plot(pp,'m*');
title('神经网络预测图');
legend('实际目标值','预测值',2)

figure;
plot(pY'-pp,'m');
title('神经网络训练误差曲线');
```

# 附录 2　模袋混凝土强度预测训练样本数据

| 编号 | 质量（g） | 直径（mm） | 高度（mm） | 水泥用量（kg/m³） | 外加剂（kg/m³） | 砂率（%） | 水胶比 | 龄期（d） | 强度（MPa） |
|---|---|---|---|---|---|---|---|---|---|
| 1 | 710.6 | 75.50 | 75.00 | 312 | 9.60 | 43.0 | 0.51 | 222 | 18.28 |
| 2 | 722.6 | 75.50 | 75.45 | 312 | 9.60 | 43.0 | 0.51 | 222 | 19.24 |
| 3 | 724.3 | 75.40 | 75.82 | 312 | 9.60 | 43.0 | 0.51 | 222 | 22.72 |
| 4 | 729.8 | 75.52 | 75.19 | 312 | 9.60 | 43.0 | 0.51 | 222 | 19.70 |
| 5 | 731.9 | 75.41 | 74.86 | 312 | 9.60 | 43.0 | 0.51 | 222 | 24.96 |
| 6 | 710.7 | 75.40 | 74.82 | 312 | 9.60 | 43.0 | 0.51 | 222 | 20.01 |
| 7 | 751.0 | 75.47 | 75.70 | 312 | 9.60 | 43.0 | 0.51 | 222 | 23.10 |
| 8 | 733.7 | 75.50 | 75.35 | 312 | 9.60 | 43.0 | 0.51 | 222 | 15.80 |
| 9 | 727.1 | 75.60 | 75.05 | 312 | 9.60 | 43.0 | 0.51 | 222 | 25.01 |
| 10 | 735.2 | 75.50 | 75.45 | 312 | 9.60 | 43.0 | 0.51 | 222 | 32.32 |
| 11 | 708.5 | 75.45 | 75.45 | 312 | 9.60 | 43.0 | 0.51 | 222 | 21.75 |
| 12 | 743.9 | 75.50 | 75.40 | 312 | 9.60 | 43.0 | 0.51 | 222 | 25.05 |
| 13 | 720.0 | 75.45 | 75.50 | 312 | 9.60 | 43.0 | 0.51 | 222 | 20.41 |
| 14 | 741.8 | 75.45 | 75.65 | 312 | 9.60 | 43.0 | 0.51 | 222 | 18.42 |
| 15 | 759.4 | 75.60 | 74.92 | 322 | 3.76 | 42.8 | 0.50 | 185 | 29.78 |
| 16 | 771.1 | 75.50 | 75.60 | 322 | 3.76 | 42.8 | 0.50 | 185 | 28.38 |
| 17 | 775.0 | 75.60 | 75.23 | 322 | 3.76 | 42.8 | 0.50 | 185 | 37.11 |
| 18 | 763.8 | 75.56 | 75.42 | 322 | 3.76 | 42.8 | 0.50 | 185 | 37.75 |
| 19 | 775.2 | 75.55 | 75.25 | 322 | 3.76 | 42.8 | 0.50 | 185 | 25.04 |
| 20 | 759.4 | 75.55 | 74.86 | 322 | 3.76 | 42.8 | 0.50 | 185 | 25.84 |
| 21 | 765.4 | 75.50 | 74.69 | 322 | 3.76 | 42.8 | 0.50 | 185 | 23.98 |
| 22 | 765.0 | 75.50 | 75.49 | 322 | 3.76 | 42.8 | 0.50 | 185 | 18.27 |
| 23 | 753.0 | 75.60 | 74.88 | 322 | 3.76 | 42.8 | 0.50 | 185 | 28.28 |
| 24 | 770.7 | 75.60 | 75.85 | 322 | 3.76 | 42.8 | 0.50 | 185 | 32.88 |

续表

| 编号 | 质量（g） | 直径（mm） | 高度（mm） | 水泥用量（kg/m³） | 外加剂（kg/m³） | 砂率（%） | 水胶比 | 龄期（d） | 强度（MPa） |
|---|---|---|---|---|---|---|---|---|---|
| 25 | 772.5 | 75.55 | 75.65 | 322 | 3.76 | 42.8 | 0.50 | 185 | 27.52 |
| 26 | 757.3 | 75.50 | 74.64 | 322 | 3.76 | 42.8 | 0.50 | 185 | 17.57 |
| 27 | 771.8 | 75.60 | 74.96 | 322 | 3.76 | 42.8 | 0.50 | 185 | 38.25 |
| 28 | 769.1 | 75.55 | 75.40 | 322 | 3.76 | 42.8 | 0.50 | 185 | 39.28 |
| 29 | 691.2 | 75.35 | 75.00 | 323 | 9.70 | 43.3 | 0.45 | 913 | 8.97 |
| 30 | 683.6 | 75.25 | 74.75 | 323 | 9.70 | 43.3 | 0.45 | 913 | 10.20 |
| 31 | 684.8 | 75.17 | 74.80 | 323 | 9.70 | 43.3 | 0.45 | 913 | 8.61 |
| 32 | 678.0 | 74.21 | 74.71 | 323 | 9.70 | 43.3 | 0.45 | 913 | 9.85 |
| 33 | 697.3 | 75.25 | 74.42 | 323 | 9.70 | 43.3 | 0.45 | 913 | 10.53 |
| 34 | 704.2 | 75.30 | 74.56 | 323 | 9.70 | 43.3 | 0.45 | 913 | 10.90 |
| 35 | 721.8 | 75.35 | 75.06 | 323 | 9.70 | 43.3 | 0.45 | 913 | 13.57 |
| 36 | 672.4 | 74.91 | 74.73 | 323 | 9.70 | 43.3 | 0.45 | 913 | 5.70 |
| 37 | 661.3 | 75.25 | 74.51 | 323 | 9.70 | 43.3 | 0.45 | 913 | 5.33 |
| 38 | 706.8 | 75.45 | 74.74 | 323 | 9.70 | 43.3 | 0.45 | 913 | 9.38 |
| 39 | 706.6 | 75.37 | 74.95 | 323 | 9.70 | 43.3 | 0.45 | 913 | 10.34 |
| 40 | 709.5 | 75.40 | 74.92 | 323 | 9.70 | 43.3 | 0.45 | 913 | 11.11 |
| 41 | 688.7 | 75.25 | 74.06 | 323 | 9.70 | 43.3 | 0.45 | 913 | 9.58 |
| 42 | 718.0 | 75.40 | 74.03 | 323 | 9.70 | 43.3 | 0.45 | 913 | 12.12 |
| 43 | 754.5 | 75.41 | 74.10 | 320 | 9.70 | 42.5 | 0.46 | 908 | 33.94 |
| 44 | 768.3 | 75.35 | 74.50 | 320 | 9.70 | 42.5 | 0.46 | 908 | 38.59 |
| 45 | 758.6 | 75.35 | 75.00 | 320 | 9.70 | 42.5 | 0.46 | 908 | 33.95 |
| 46 | 762.0 | 75.45 | 74.22 | 320 | 9.70 | 42.5 | 0.46 | 908 | 36.88 |
| 47 | 763.1 | 74.70 | 74.55 | 320 | 9.70 | 42.5 | 0.46 | 908 | 38.03 |
| 48 | 755.9 | 75.30 | 74.49 | 320 | 9.70 | 42.5 | 0.46 | 908 | 39.52 |
| 49 | 751.3 | 75.35 | 74.55 | 320 | 9.70 | 42.5 | 0.46 | 908 | 41.33 |
| 50 | 742.5 | 75.38 | 74.00 | 320 | 9.70 | 42.5 | 0.46 | 908 | 32.26 |
| 51 | 746.0 | 75.43 | 74.23 | 320 | 9.70 | 42.5 | 0.46 | 908 | 33.99 |
| 52 | 746.2 | 75.38 | 74.07 | 320 | 9.70 | 42.5 | 0.46 | 908 | 24.82 |

续表

| 编号 | 质量（g） | 直径（mm） | 高度（mm） | 水泥用量（kg/m³） | 外加剂（kg/m³） | 砂率（%） | 水胶比 | 龄期（d） | 强度（MPa） |
|---|---|---|---|---|---|---|---|---|---|
| 53 | 764.0 | 75.40 | 74.11 | 320 | 9.70 | 42.5 | 0.46 | 908 | 38.83 |
| 54 | 743.7 | 75.45 | 74.07 | 320 | 9.70 | 42.5 | 0.46 | 908 | 23.88 |
| 55 | 753.6 | 75.38 | 74.20 | 320 | 9.70 | 42.5 | 0.46 | 908 | 34.75 |
| 56 | 750.0 | 75.39 | 74.47 | 320 | 9.70 | 42.5 | 0.46 | 908 | 32.95 |
| 57 | 731.2 | 74.85 | 74.41 | 320 | 9.70 | 42.5 | 0.46 | 909 | 14.92 |
| 58 | 732.1 | 75.42 | 74.31 | 320 | 9.70 | 42.5 | 0.46 | 909 | 13.66 |
| 59 | 746.7 | 75.45 | 74.15 | 320 | 9.70 | 42.5 | 0.46 | 909 | 23.41 |
| 60 | 754.6 | 75.37 | 75.50 | 320 | 9.70 | 42.5 | 0.46 | 909 | 35.01 |
| 61 | 753.7 | 75.40 | 75.05 | 320 | 9.70 | 42.5 | 0.46 | 909 | 20.82 |
| 62 | 727.0 | 75.25 | 73.60 | 320 | 9.70 | 42.5 | 0.46 | 909 | 10.82 |
| 63 | 763.1 | 75.40 | 75.11 | 320 | 9.70 | 42.5 | 0.46 | 909 | 30.07 |
| 64 | 757.4 | 75.35 | 75.20 | 320 | 9.70 | 42.5 | 0.46 | 909 | 27.78 |
| 65 | 737.3 | 75.50 | 73.55 | 320 | 9.70 | 42.5 | 0.46 | 909 | 14.19 |
| 66 | 724.2 | 75.20 | 73.53 | 320 | 9.70 | 42.5 | 0.46 | 909 | 14.42 |
| 67 | 736.8 | 75.30 | 75.50 | 320 | 9.70 | 42.5 | 0.46 | 909 | 19.21 |
| 68 | 751.3 | 75.25 | 75.13 | 320 | 9.70 | 42.5 | 0.46 | 909 | 24.32 |
| 69 | 759.5 | 75.30 | 75.12 | 320 | 9.70 | 42.5 | 0.46 | 909 | 29.03 |
| 70 | 731.4 | 75.19 | 74.57 | 320 | 9.70 | 42.5 | 0.46 | 909 | 23.41 |
| 71 | 740.8 | 75.61 | 74.82 | 315 | 9.60 | 42.7 | 0.51 | 177 | 26.81 |
| 72 | 726.4 | 75.54 | 74.96 | 315 | 9.60 | 42.7 | 0.51 | 177 | 28.20 |
| 73 | 741.2 | 75.50 | 74.95 | 315 | 9.60 | 42.7 | 0.51 | 177 | 31.44 |
| 74 | 726.8 | 75.60 | 74.50 | 315 | 9.60 | 42.7 | 0.51 | 177 | 29.31 |
| 75 | 734.7 | 75.58 | 74.37 | 315 | 9.60 | 42.7 | 0.51 | 177 | 21.14 |
| 76 | 735.5 | 75.55 | 75.15 | 315 | 9.60 | 42.7 | 0.51 | 177 | 28.72 |
| 77 | 730.5 | 75.50 | 75.05 | 315 | 9.60 | 42.7 | 0.51 | 177 | 30.59 |
| 78 | 768.8 | 75.60 | 75.24 | 315 | 9.60 | 42.7 | 0.51 | 177 | 28.28 |
| 79 | 741.2 | 75.55 | 75.01 | 315 | 9.60 | 42.7 | 0.51 | 177 | 27.59 |
| 80 | 744.4 | 75.60 | 75.30 | 315 | 9.60 | 42.7 | 0.51 | 177 | 24.70 |

续表

| 编号 | 质量（g） | 直径（mm） | 高度（mm） | 水泥用量（kg/m³） | 外加剂（kg/m³） | 砂率（%） | 水胶比 | 龄期（d） | 强度（MPa） |
|---|---|---|---|---|---|---|---|---|---|
| 81 | 732.5 | 75.63 | 74.66 | 315 | 9.60 | 42.7 | 0.51 | 177 | 26.86 |
| 82 | 721.1 | 75.62 | 74.03 | 315 | 9.60 | 42.7 | 0.51 | 177 | 20.08 |
| 83 | 734.1 | 75.60 | 74.30 | 315 | 9.60 | 42.7 | 0.51 | 177 | 18.70 |
| 84 | 726.4 | 75.60 | 74.16 | 315 | 9.60 | 42.7 | 0.51 | 177 | 25.68 |
| 85 | 748.2 | 75.60 | 74.90 | 325 | 4.00 | 42.9 | 0.49 | 187 | 37.20 |
| 86 | 733.2 | 75.30 | 74.11 | 325 | 4.00 | 42.9 | 0.49 | 187 | 18.67 |
| 87 | 719.9 | 75.50 | 74.10 | 325 | 4.00 | 42.9 | 0.49 | 187 | 18.79 |
| 88 | 754.0 | 75.35 | 75.65 | 325 | 4.00 | 42.9 | 0.49 | 187 | 21.00 |
| 89 | 739.8 | 75.30 | 75.10 | 325 | 4.00 | 42.9 | 0.49 | 187 | 31.84 |
| 90 | 730.2 | 75.40 | 76.30 | 325 | 4.00 | 42.9 | 0.49 | 187 | 10.37 |
| 91 | 746.8 | 75.35 | 74.70 | 325 | 4.00 | 42.9 | 0.49 | 187 | 33.92 |
| 92 | 740.8 | 75.40 | 75.41 | 325 | 4.00 | 42.9 | 0.49 | 187 | 33.90 |
| 93 | 730.3 | 75.45 | 74.65 | 325 | 4.00 | 42.9 | 0.49 | 187 | 32.20 |
| 94 | 760.0 | 75.40 | 75.35 | 325 | 4.00 | 42.9 | 0.49 | 187 | 28.28 |
| 95 | 759.3 | 75.50 | 75.55 | 325 | 4.00 | 42.9 | 0.49 | 187 | 44.07 |
| 96 | 762.2 | 75.50 | 75.27 | 325 | 4.00 | 42.9 | 0.49 | 187 | 42.22 |
| 97 | 744.9 | 75.45 | 75.69 | 325 | 4.00 | 42.9 | 0.49 | 187 | 21.77 |
| 98 | 747.3 | 75.40 | 74.16 | 325 | 4.00 | 42.9 | 0.49 | 187 | 13.56 |
| 99 | 706.4 | 73.95 | 73.53 | 330 | 12.00 | 53.6 | 0.47 | 50 | 25.42 |
| 100 | 705.8 | 74.08 | 73.81 | 330 | 12.00 | 53.6 | 0.47 | 50 | 21.62 |
| 101 | 689.9 | 73.85 | 73.70 | 330 | 12.00 | 53.6 | 0.47 | 50 | 18.71 |
| 102 | 687.8 | 74.00 | 73.94 | 330 | 12.00 | 53.6 | 0.47 | 50 | 15.56 |
| 103 | 697.9 | 73.94 | 73.78 | 330 | 12.00 | 53.6 | 0.47 | 50 | 17.21 |
| 104 | 702.8 | 73.95 | 74.18 | 330 | 12.00 | 53.6 | 0.47 | 50 | 18.24 |
| 105 | 681.3 | 74.18 | 73.57 | 330 | 12.00 | 53.6 | 0.47 | 50 | 18.52 |
| 106 | 691.9 | 74.01 | 73.73 | 330 | 12.00 | 53.6 | 0.47 | 50 | 20.89 |
| 107 | 696.7 | 74.18 | 73.72 | 330 | 12.00 | 53.6 | 0.47 | 50 | 15.83 |
| 108 | 718.1 | 73.97 | 73.61 | 330 | 12.00 | 53.6 | 0.47 | 50 | 20.43 |

续表

| 编号 | 质量（g） | 直径（mm） | 高度（mm） | 水泥用量（kg/m³） | 外加剂（kg/m³） | 砂率（%） | 水胶比 | 龄期（d） | 强度（MPa） |
|---|---|---|---|---|---|---|---|---|---|
| 109 | 718.0 | 74.13 | 73.78 | 330 | 12.00 | 53.6 | 0.47 | 50 | 17.24 |
| 110 | 703.2 | 74.44 | 74.06 | 320 | 2.50 | 61.1 | 0.57 | 52 | 14.03 |
| 111 | 705.0 | 74.11 | 73.97 | 320 | 2.50 | 61.1 | 0.57 | 52 | 21.03 |
| 112 | 691.3 | 74.46 | 73.57 | 320 | 2.50 | 61.1 | 0.57 | 52 | 22.24 |
| 113 | 709.6 | 74.71 | 74.15 | 320 | 2.50 | 61.1 | 0.57 | 52 | 22.06 |
| 114 | 697.2 | 73.90 | 73.29 | 320 | 2.50 | 61.1 | 0.57 | 52 | 19.67 |
| 115 | 703.9 | 73.97 | 74.11 | 320 | 2.50 | 61.1 | 0.57 | 52 | 21.59 |
| 116 | 698.7 | 73.87 | 73.60 | 320 | 2.50 | 61.1 | 0.57 | 52 | 15.57 |
| 117 | 701.7 | 74.03 | 73.91 | 320 | 2.50 | 61.1 | 0.57 | 52 | 19.88 |
| 118 | 707.8 | 74.48 | 74.07 | 320 | 2.50 | 61.1 | 0.57 | 52 | 19.15 |
| 119 | 696.8 | 73.70 | 73.65 | 320 | 2.50 | 61.1 | 0.57 | 52 | 16.01 |
| 120 | 692.1 | 73.87 | 73.75 | 320 | 2.50 | 61.1 | 0.57 | 52 | 16.43 |
| 121 | 686.2 | 74.43 | 74.42 | 310 | 2.50 | 62.4 | 0.55 | 56 | 20.62 |
| 122 | 686.9 | 74.13 | 73.68 | 310 | 2.50 | 62.4 | 0.55 | 56 | 24.64 |
| 123 | 697.7 | 74.22 | 74.06 | 310 | 2.50 | 62.4 | 0.55 | 56 | 17.17 |
| 124 | 685.3 | 74.51 | 73.30 | 310 | 2.50 | 62.4 | 0.55 | 56 | 22.51 |
| 125 | 696.4 | 74.26 | 74.14 | 310 | 2.50 | 62.4 | 0.55 | 56 | 15.46 |
| 126 | 698.1 | 74.21 | 74.31 | 310 | 2.50 | 62.4 | 0.55 | 56 | 14.85 |
| 127 | 688.1 | 74.45 | 74.37 | 310 | 2.50 | 62.4 | 0.55 | 56 | 15.42 |
| 128 | 687.6 | 74.14 | 73.89 | 310 | 2.50 | 62.4 | 0.55 | 56 | 25.49 |
| 129 | 706.1 | 74.24 | 73.95 | 310 | 2.50 | 62.4 | 0.55 | 56 | 25.33 |
| 130 | 697.4 | 74.17 | 73.42 | 310 | 2.50 | 62.4 | 0.55 | 56 | 17.59 |
| 131 | 647.7 | 74.56 | 72.62 | 310 | 2.50 | 62.4 | 0.55 | 56 | 21.44 |
| 132 | 717.2 | 74.17 | 74.02 | 290 | 10.00 | 62.8 | 0.58 | 55 | 25.77 |
| 133 | 714.1 | 74.47 | 73.23 | 290 | 10.00 | 62.8 | 0.58 | 55 | 28.09 |
| 134 | 716.1 | 74.25 | 73.38 | 290 | 10.00 | 62.8 | 0.58 | 55 | 19.13 |
| 135 | 733.4 | 74.29 | 74.03 | 290 | 10.00 | 62.8 | 0.58 | 55 | 18.75 |
| 136 | 716.4 | 74.32 | 73.92 | 290 | 10.00 | 62.8 | 0.58 | 55 | 20.20 |

续表

| 编号 | 质量（g） | 直径（mm） | 高度（mm） | 水泥用量（kg/m³） | 外加剂（kg/m³） | 砂率（%） | 水胶比 | 龄期（d） | 强度（MPa） |
|---|---|---|---|---|---|---|---|---|---|
| 137 | 723.1 | 74.31 | 74.40 | 290 | 10.00 | 62.8 | 0.58 | 55 | 21.65 |
| 138 | 715.0 | 74.33 | 74.33 | 290 | 10.00 | 62.8 | 0.58 | 55 | 20.12 |
| 139 | 721.8 | 74.23 | 73.72 | 290 | 10.00 | 62.8 | 0.58 | 55 | 18.86 |
| 140 | 703.4 | 74.18 | 73.70 | 310 | 6.50 | 57.7 | 0.57 | 51 | 22.93 |
| 141 | 716.6 | 74.34 | 73.18 | 310 | 6.50 | 57.7 | 0.57 | 51 | 25.82 |
| 142 | 663.6 | 73.83 | 73.49 | 310 | 6.50 | 57.7 | 0.57 | 51 | 11.67 |
| 143 | 681.9 | 73.89 | 74.81 | 310 | 6.50 | 57.7 | 0.57 | 51 | 14.38 |
| 144 | 670.4 | 73.88 | 73.70 | 310 | 6.50 | 57.7 | 0.57 | 51 | 11.03 |
| 145 | 687.8 | 74.22 | 73.72 | 310 | 6.50 | 57.7 | 0.57 | 51 | 13.37 |
| 146 | 685.5 | 74.04 | 73.64 | 310 | 6.50 | 57.7 | 0.57 | 51 | 15.18 |
| 147 | 689.6 | 74.05 | 73.98 | 310 | 6.50 | 57.7 | 0.57 | 51 | 13.04 |
| 148 | 690.9 | 74.13 | 73.87 | 310 | 6.50 | 57.7 | 0.57 | 51 | 14.62 |
| 149 | 701.6 | 74.26 | 73.82 | 310 | 6.50 | 57.7 | 0.57 | 51 | 28.46 |
| 150 | 690.4 | 74.37 | 73.90 | 310 | 6.50 | 57.7 | 0.57 | 51 | 19.27 |
| 151 | 704.0 | 74.31 | 73.19 | 310 | 2.50 | 62.4 | 0.55 | 54 | 23.67 |
| 152 | 713.3 | 74.41 | 73.68 | 310 | 2.50 | 62.4 | 0.55 | 54 | 21.78 |
| 153 | 717.6 | 74.46 | 73.98 | 310 | 2.50 | 62.4 | 0.55 | 54 | 42.02 |
| 154 | 690.2 | 74.15 | 73.28 | 310 | 2.50 | 62.4 | 0.55 | 54 | 13.00 |
| 155 | 701.8 | 74.22 | 74.02 | 310 | 2.50 | 62.4 | 0.55 | 54 | 25.75 |
| 156 | 706.3 | 74.25 | 74.31 | 310 | 2.50 | 62.4 | 0.55 | 54 | 22.73 |
| 157 | 701.5 | 74.53 | 73.64 | 310 | 2.50 | 62.4 | 0.55 | 54 | 16.35 |
| 158 | 703.8 | 74.27 | 74.38 | 310 | 2.50 | 62.4 | 0.55 | 54 | 23.00 |
| 159 | 697.0 | 74.28 | 73.49 | 310 | 2.50 | 62.4 | 0.55 | 54 | 15.75 |
| 160 | 704.1 | 74.33 | 73.77 | 310 | 2.50 | 62.4 | 0.55 | 54 | 30.80 |
| 161 | 711.4 | 74.34 | 74.31 | 310 | 2.50 | 62.4 | 0.55 | 54 | 23.51 |
| 162 | 706.4 | 74.32 | 73.40 | 320 | 2.50 | 61.1 | 0.57 | 52 | 25.25 |
| 163 | 712.5 | 74.31 | 73.13 | 320 | 2.50 | 61.1 | 0.57 | 52 | 36.06 |
| 164 | 700.8 | 74.21 | 73.54 | 320 | 2.50 | 61.1 | 0.57 | 52 | 20.44 |

续表

| 编号 | 质量（g） | 直径（mm） | 高度（mm） | 水泥用量（kg/m³） | 外加剂（kg/m³） | 砂率（%） | 水胶比 | 龄期（d） | 强度（MPa） |
|---|---|---|---|---|---|---|---|---|---|
| 165 | 704.5 | 74.17 | 73.69 | 320 | 2.50 | 61.1 | 0.57 | 52 | 18.76 |
| 166 | 713.8 | 74.19 | 74.08 | 320 | 2.50 | 61.1 | 0.57 | 52 | 26.25 |
| 167 | 708.9 | 74.00 | 74.14 | 320 | 2.50 | 61.1 | 0.57 | 52 | 23.52 |
| 168 | 708.2 | 74.07 | 73.64 | 320 | 2.50 | 61.1 | 0.57 | 52 | 23.68 |
| 169 | 710.1 | 74.25 | 73.48 | 320 | 2.50 | 61.1 | 0.57 | 52 | 22.82 |
| 170 | 706.2 | 74.12 | 73.32 | 320 | 2.50 | 61.1 | 0.57 | 52 | 20.34 |
| 171 | 714.9 | 74.23 | 73.62 | 320 | 2.50 | 61.1 | 0.57 | 52 | 24.62 |
| 172 | 734.0 | 74.18 | 74.05 | 320 | 2.50 | 61.1 | 0.57 | 52 | 36.48 |
| 173 | 717.0 | 74.03 | 74.13 | 315 | 12.40 | 60.1 | 0.41 | 37 | 33.11 |
| 174 | 713.0 | 74.22 | 74.16 | 315 | 12.40 | 60.1 | 0.41 | 37 | 31.92 |
| 175 | 718.2 | 74.21 | 74.50 | 315 | 12.40 | 60.1 | 0.41 | 37 | 26.33 |
| 176 | 712.0 | 74.06 | 73.84 | 315 | 12.40 | 60.1 | 0.41 | 37 | 34.60 |
| 177 | 707.0 | 74.02 | 73.93 | 315 | 12.40 | 60.1 | 0.41 | 37 | 28.00 |
| 178 | 717.0 | 74.33 | 74.04 | 315 | 12.40 | 60.1 | 0.41 | 37 | 33.53 |
| 179 | 735.6 | 74.00 | 74.10 | 315 | 12.40 | 60.1 | 0.41 | 37 | 44.96 |
| 180 | 719.5 | 74.15 | 74.29 | 315 | 12.40 | 60.1 | 0.41 | 37 | 33.25 |
| 181 | 718.2 | 73.92 | 74.32 | 315 | 12.40 | 60.1 | 0.41 | 37 | 31.48 |
| 182 | 721.2 | 74.04 | 74.53 | 315 | 12.40 | 60.1 | 0.41 | 37 | 25.84 |
| 183 | 719.2 | 74.05 | 73.89 | 315 | 12.40 | 60.1 | 0.41 | 37 | 29.72 |
| 184 | 723.4 | 74.02 | 74.29 | 315 | 12.40 | 60.1 | 0.41 | 37 | 32.70 |
| 185 | 701.9 | 74.19 | 74.34 | 315 | 12.40 | 60.1 | 0.41 | 37 | 19.89 |
| 186 | 728.6 | 74.21 | 74.00 | 315 | 12.40 | 60.1 | 0.41 | 37 | 37.22 |
| 187 | 699.6 | 74.08 | 74.28 | 288 | 7.80 | 67.1 | 0.45 | 35 | 33.27 |
| 188 | 706.1 | 74.30 | 74.32 | 288 | 7.80 | 67.1 | 0.45 | 35 | 35.98 |
| 189 | 703.9 | 74.05 | 74.36 | 288 | 7.80 | 67.1 | 0.45 | 35 | 25.17 |
| 190 | 703.3 | 74.06 | 74.25 | 288 | 7.80 | 67.1 | 0.45 | 35 | 31.11 |
| 191 | 691.5 | 73.98 | 74.07 | 288 | 7.80 | 67.1 | 0.45 | 35 | 26.64 |
| 192 | 708.3 | 74.37 | 74.36 | 288 | 7.80 | 67.1 | 0.45 | 35 | 33.13 |

续表

| 编号 | 质量（g） | 直径（mm） | 高度（mm） | 水泥用量（kg/m³） | 外加剂（kg/m³） | 砂率（%） | 水胶比 | 龄期（d） | 强度（MPa） |
|---|---|---|---|---|---|---|---|---|---|
| 193 | 710.2 | 74.07 | 74.60 | 288 | 7.80 | 67.1 | 0.45 | 35 | 29.50 |
| 194 | 720.5 | 74.18 | 74.22 | 288 | 7.80 | 67.1 | 0.45 | 35 | 31.31 |
| 195 | 707.3 | 74.41 | 74.61 | 288 | 7.80 | 67.1 | 0.45 | 35 | 35.30 |
| 196 | 705.3 | 74.96 | 74.86 | 288 | 7.80 | 67.1 | 0.45 | 35 | 34.62 |
| 197 | 703.1 | 74.03 | 74.42 | 288 | 7.80 | 67.1 | 0.45 | 35 | 31.65 |
| 198 | 703.7 | 74.01 | 74.39 | 288 | 7.80 | 67.1 | 0.45 | 35 | 31.59 |
| 199 | 708.9 | 74.14 | 74.58 | 288 | 7.80 | 67.1 | 0.45 | 35 | 32.80 |
| 200 | 724.0 | 74.26 | 74.56 | 288 | 7.80 | 67.1 | 0.45 | 35 | 35.23 |
| 201 | 716.9 | 74.13 | 74.92 | 336 | 10.30 | 48.8 | 0.50 | 29 | 22.59 |
| 202 | 707.3 | 74.41 | 74.92 | 336 | 10.30 | 48.8 | 0.50 | 29 | 23.06 |
| 203 | 735.1 | 74.07 | 74.52 | 336 | 10.30 | 48.8 | 0.50 | 29 | 23.98 |
| 204 | 704.2 | 74.33 | 74.62 | 336 | 10.30 | 48.8 | 0.50 | 29 | 23.21 |
| 205 | 697.5 | 74.09 | 74.52 | 336 | 10.30 | 48.8 | 0.50 | 29 | 28.83 |
| 206 | 707.7 | 74.17 | 74.45 | 336 | 10.30 | 48.8 | 0.50 | 29 | 28.10 |
| 207 | 707.3 | 74.14 | 74.18 | 336 | 10.30 | 48.8 | 0.50 | 29 | 19.78 |
| 208 | 708.3 | 74.16 | 75.04 | 336 | 10.30 | 48.8 | 0.50 | 29 | 21.55 |
| 209 | 714.2 | 74.19 | 74.77 | 336 | 10.30 | 48.8 | 0.50 | 29 | 27.85 |
| 210 | 706.6 | 73.98 | 74.96 | 336 | 10.30 | 48.8 | 0.50 | 29 | 26.06 |
| 211 | 700.2 | 74.09 | 74.94 | 336 | 10.30 | 48.8 | 0.50 | 29 | 21.34 |
| 212 | 708.9 | 74.15 | 74.92 | 336 | 10.30 | 48.8 | 0.50 | 29 | 23.55 |
| 213 | 701.8 | 74.13 | 74.25 | 336 | 10.30 | 48.8 | 0.50 | 29 | 27.80 |
| 214 | 721.2 | 74.07 | 74.14 | 336 | 10.30 | 48.8 | 0.50 | 29 | 23.28 |
| 215 | 730.6 | 74.10 | 74.47 | 300 | 13.00 | 68.6 | 0.43 | 45 | 46.38 |
| 216 | 735.0 | 74.25 | 74.40 | 300 | 13.00 | 68.6 | 0.43 | 45 | 45.43 |
| 217 | 732.1 | 74.07 | 74.47 | 300 | 13.00 | 68.6 | 0.43 | 45 | 38.94 |
| 218 | 728.4 | 74.20 | 73.89 | 300 | 13.00 | 68.6 | 0.43 | 45 | 33.28 |
| 219 | 730.4 | 74.11 | 74.58 | 300 | 13.00 | 68.6 | 0.43 | 45 | 45.30 |
| 220 | 724.7 | 74.11 | 74.05 | 300 | 13.00 | 68.6 | 0.43 | 45 | 39.06 |

续表

| 编号 | 质量（g） | 直径（mm） | 高度（mm） | 水泥用量（kg/m³） | 外加剂（kg/m³） | 砂率（%） | 水胶比 | 龄期（d） | 强度（MPa） |
|---|---|---|---|---|---|---|---|---|---|
| 221 | 725.7 | 74.02 | 74.19 | 300 | 13.00 | 68.6 | 0.43 | 45 | 41.16 |
| 222 | 737.3 | 74.08 | 74.26 | 300 | 13.00 | 68.6 | 0.43 | 45 | 26.69 |
| 223 | 743.1 | 74.02 | 74.33 | 300 | 13.00 | 68.6 | 0.43 | 45 | 38.88 |
| 224 | 728.8 | 74.33 | 73.92 | 300 | 13.00 | 68.6 | 0.43 | 45 | 39.18 |
| 225 | 730.4 | 74.32 | 74.19 | 300 | 13.00 | 68.6 | 0.43 | 45 | 25.54 |
| 226 | 710.5 | 74.14 | 74.62 | 300 | 13.00 | 68.6 | 0.43 | 45 | 23.02 |
| 227 | 708.3 | 74.14 | 74.16 | 300 | 13.00 | 68.6 | 0.43 | 45 | 28.65 |
| 228 | 692.1 | 73.97 | 74.39 | 300 | 13.00 | 68.6 | 0.43 | 45 | 20.71 |
| 229 | 714.9 | 74.41 | 74.30 | 283 | 15.00 | 62.0 | 0.50 | 34 | 35.62 |
| 230 | 725.3 | 74.41 | 74.17 | 283 | 15.00 | 62.0 | 0.50 | 34 | 28.54 |
| 231 | 740.3 | 74.55 | 74.29 | 283 | 15.00 | 62.0 | 0.50 | 34 | 19.86 |
| 232 | 734.8 | 74.36 | 74.00 | 283 | 15.00 | 62.0 | 0.50 | 34 | 31.22 |
| 233 | 732.4 | 74.48 | 74.92 | 283 | 15.00 | 62.0 | 0.50 | 34 | 26.99 |
| 234 | 725.5 | 74.45 | 74.33 | 283 | 15.00 | 62.0 | 0.50 | 34 | 36.02 |
| 235 | 717.9 | 74.61 | 74.11 | 283 | 15.00 | 62.0 | 0.50 | 34 | 25.98 |
| 236 | 734.0 | 74.49 | 74.18 | 283 | 15.00 | 62.0 | 0.50 | 34 | 23.96 |
| 237 | 729.9 | 74.70 | 74.33 | 283 | 15.00 | 62.0 | 0.50 | 34 | 19.53 |
| 238 | 740.7 | 74.45 | 74.27 | 283 | 15.00 | 62.0 | 0.50 | 34 | 19.39 |
| 239 | 722.5 | 74.70 | 74.22 | 283 | 15.00 | 62.0 | 0.50 | 34 | 40.27 |
| 240 | 718.2 | 74.58 | 74.66 | 283 | 15.00 | 62.0 | 0.50 | 34 | 25.18 |
| 241 | 711.8 | 74.73 | 74.41 | 283 | 15.00 | 62.0 | 0.50 | 34 | 35.82 |
| 242 | 740.8 | 74.58 | 74.53 | 283 | 15.00 | 62.0 | 0.50 | 34 | 38.46 |

# 附录3　模袋混凝土相对动弹性模量预测训练样本数据

| 编号 | 水胶比 | 水泥用量（kg/m³） | 外加剂（kg/m³） | 冻融次数 | 相对动弹性模量（%） | 编号 | 水胶比 | 水泥用量（kg/m³） | 外加剂（kg/m³） | 冻融次数 | 相对弹性模量（%） |
|---|---|---|---|---|---|---|---|---|---|---|---|
| 1 | 0.47 | 330 | 12.00 | 0 | 100.0 | 20 | 0.58 | 290 | 10.00 | 40 | 104.6 |
| 2 | 0.47 | 330 | 12.00 | 10 | 100.1 | 21 | 0.58 | 290 | 10.00 | 50 | 104.6 |
| 3 | 0.47 | 330 | 12.00 | 20 | 101.8 | 22 | 0.58 | 290 | 10.00 | 60 | 104.6 |
| 4 | 0.47 | 330 | 12.00 | 30 | 115.0 | 23 | 0.58 | 290 | 10.00 | 70 | 105.0 |
| 5 | 0.47 | 330 | 12.00 | 50 | 102.4 | 24 | 0.58 | 290 | 10.00 | 80 | 100.0 |
| 6 | 0.47 | 330 | 12.00 | 60 | 95.7 | 25 | 0.58 | 290 | 10.00 | 90 | 95.6 |
| 7 | 0.47 | 330 | 12.00 | 70 | 91.6 | 26 | 0.58 | 290 | 10.00 | 100 | 95.6 |
| 8 | 0.47 | 330 | 12.00 | 80 | 79.3 | 27 | 0.58 | 290 | 10.00 | 110 | 95.6 |
| 9 | 0.57 | 320 | 2.50 | 0 | 100.0 | 28 | 0.58 | 290 | 10.00 | 120 | 93.6 |
| 10 | 0.57 | 320 | 2.50 | 10 | 81.6 | 29 | 0.58 | 290 | 10.00 | 130 | 93.6 |
| 11 | 0.55 | 310 | 2.50 | 0 | 100.0 | 30 | 0.58 | 290 | 10.00 | 150 | 87.5 |
| 12 | 0.55 | 310 | 2.50 | 10 | 95.6 | 31 | 0.58 | 290 | 10.00 | 160 | 85.6 |
| 13 | 0.55 | 310 | 2.50 | 20 | 86.4 | 32 | 0.57 | 310 | 6.50 | 0 | 100.0 |
| 14 | 0.55 | 310 | 2.50 | 40 | 62.3 | 33 | 0.57 | 310 | 6.50 | 20 | 73.0 |
| 15 | 0.55 | 310 | 2.50 | 50 | 34.8 | 34 | 0.57 | 310 | 6.50 | 30 | 60.6 |
| 16 | 0.58 | 290 | 10.00 | 0 | 100.0 | 35 | 0.57 | 310 | 6.50 | 40 | 43.8 |
| 17 | 0.58 | 290 | 10.00 | 10 | 100.0 | 36 | 0.55 | 310 | 2.50 | 0 | 100.0 |
| 18 | 0.58 | 290 | 10.00 | 20 | 100.0 | 37 | 0.55 | 310 | 2.50 | 10 | 103.2 |
| 19 | 0.58 | 290 | 10.00 | 30 | 104.6 | 38 | 0.55 | 310 | 2.50 | 20 | 104.9 |

续表

| 编号 | 水胶比 | 水泥用量（kg/m³） | 外加剂（kg/m³） | 冻融次数 | 相对动弹性模量（%） | 编号 | 水胶比 | 水泥用量（kg/m³） | 外加剂（kg/m³） | 冻融次数 | 相对弹性模量（%） |
|---|---|---|---|---|---|---|---|---|---|---|---|
| 39 | 0.55 | 310 | 2.50 | 30 | 107.3 | 66 | 0.41 | 315 | 12.40 | 70 | 90.0 |
| 40 | 0.55 | 310 | 2.50 | 40 | 108.4 | 67 | 0.41 | 315 | 12.40 | 80 | 80.9 |
| 41 | 0.55 | 310 | 2.50 | 50 | 114.9 | 68 | 0.41 | 315 | 12.40 | 100 | 50.8 |
| 42 | 0.55 | 310 | 2.50 | 60 | 112.3 | 69 | 0.45 | 288 | 7.80 | 0 | 100.0 |
| 43 | 0.55 | 310 | 2.50 | 70 | 109.8 | 70 | 0.45 | 288 | 7.80 | 10 | 100.3 |
| 44 | 0.55 | 310 | 2.50 | 90 | 104.9 | 71 | 0.45 | 288 | 7.80 | 20 | 104.7 |
| 45 | 0.55 | 310 | 2.50 | 100 | 104.9 | 72 | 0.45 | 288 | 7.80 | 30 | 106.7 |
| 46 | 0.55 | 310 | 2.50 | 110 | 102.0 | 73 | 0.45 | 288 | 7.80 | 40 | 108.1 |
| 47 | 0.55 | 310 | 2.50 | 120 | 101.7 | 74 | 0.45 | 288 | 7.80 | 50 | 109.7 |
| 48 | 0.55 | 310 | 2.50 | 130 | 100.0 | 75 | 0.45 | 288 | 7.80 | 70 | 106.5 |
| 49 | 0.55 | 310 | 2.50 | 140 | 97.8 | 76 | 0.45 | 288 | 7.80 | 80 | 105.0 |
| 50 | 0.55 | 310 | 2.50 | 150 | 97.2 | 77 | 0.45 | 288 | 7.80 | 90 | 103.1 |
| 51 | 0.55 | 310 | 2.50 | 160 | 95.9 | 78 | 0.45 | 288 | 7.80 | 100 | 101.7 |
| 52 | 0.55 | 310 | 2.50 | 170 | 94.7 | 79 | 0.45 | 288 | 7.80 | 110 | 100.3 |
| 53 | 0.55 | 310 | 2.50 | 180 | 87.5 | 80 | 0.45 | 288 | 7.80 | 120 | 100.3 |
| 54 | 0.55 | 310 | 2.50 | 190 | 86.1 | 81 | 0.45 | 288 | 7.80 | 130 | 101.6 |
| 55 | 0.55 | 310 | 2.50 | 200 | 85.0 | 82 | 0.45 | 288 | 7.80 | 140 | 100.1 |
| 56 | 0.57 | 320 | 2.50 | 10 | 84.5 | 83 | 0.45 | 288 | 7.80 | 150 | 100.1 |
| 57 | 0.57 | 320 | 2.50 | 20 | 59.5 | 84 | 0.45 | 288 | 7.80 | 160 | 97.1 |
| 58 | 0.57 | 320 | 2.50 | 30 | 52.0 | 85 | 0.45 | 288 | 7.80 | 170 | 94.6 |
| 59 | 0.41 | 315 | 12.40 | 0 | 100.0 | 86 | 0.45 | 288 | 7.80 | 180 | 91.6 |
| 60 | 0.41 | 315 | 12.40 | 10 | 104.9 | 87 | 0.45 | 288 | 7.80 | 190 | 81.2 |
| 61 | 0.41 | 315 | 12.40 | 20 | 103.4 | 88 | 0.45 | 288 | 7.80 | 200 | 80.4 |
| 62 | 0.41 | 315 | 12.40 | 30 | 102.4 | 89 | 0.45 | 288 | 7.80 | 210 | 76.1 |
| 63 | 0.41 | 315 | 12.40 | 40 | 100.2 | 90 | 0.50 | 336 | 10.30 | 0 | 100.0 |
| 64 | 0.41 | 315 | 12.40 | 50 | 98.1 | 91 | 0.50 | 336 | 10.30 | 10 | 100.0 |
| 65 | 0.41 | 315 | 12.40 | 60 | 96.3 | 92 | 0.50 | 336 | 10.30 | 20 | 102.3 |

续表

| 编号 | 水胶比 | 水泥用量（kg/m³） | 外加剂（kg/m³） | 冻融次数 | 相对动弹性模量（%） | 编号 | 水胶比 | 水泥用量（kg/m³） | 外加剂（kg/m³） | 冻融次数 | 相对弹性模量（%） |
|---|---|---|---|---|---|---|---|---|---|---|---|
| 93 | 0.50 | 336 | 10.30 | 30 | 95.8 | 120 | 0.50 | 283 | 15.00 | 110 | 84.8 |
| 94 | 0.50 | 336 | 10.30 | 40 | 90.3 | 121 | 0.50 | 283 | 15.00 | 120 | 83.0 |
| 95 | 0.50 | 336 | 10.30 | 50 | 87.3 | 122 | 0.50 | 283 | 15.00 | 130 | 82.9 |
| 96 | 0.50 | 336 | 10.30 | 60 | 79.5 | 123 | 0.50 | 283 | 15.00 | 140 | 81.8 |
| 97 | 0.50 | 336 | 10.30 | 80 | 64.5 | 124 | 0.50 | 283 | 15.00 | 150 | 77.7 |
| 98 | 0.50 | 336 | 10.30 | 90 | 68.3 | 125 | 0.50 | 283 | 15.00 | 160 | 77.6 |
| 99 | 0.50 | 336 | 10.30 | 100 | 68.1 | 126 | 0.50 | 283 | 15.00 | 170 | 73.1 |
| 100 | 0.50 | 336 | 10.30 | 110 | 55.6 | 127 | 0.50 | 283 | 15.00 | 180 | 64.3 |
| 101 | 0.43 | 300 | 13.00 | 0 | 100.0 | 128 | 0.50 | 283 | 15.00 | 190 | 45.7 |
| 102 | 0.43 | 300 | 13.00 | 10 | 91.3 | 129 | 0.49 | 325 | 4.00 | 0 | 100.0 |
| 103 | 0.43 | 300 | 13.00 | 20 | 91.3 | 130 | 0.5 | 322 | 4.76 | 0 | 100.0 |
| 104 | 0.43 | 300 | 13.00 | 30 | 89.7 | 131 | 0.5 | 322 | 4.76 | 25 | 55.7 |
| 105 | 0.43 | 300 | 13.00 | 40 | 88.9 | 132 | 0.51 | 315 | 9.60 | 0 | 100.0 |
| 106 | 0.43 | 300 | 13.00 | 60 | 77.8 | 133 | 0.51 | 312 | 9.60 | 0 | 100.0 |
| 107 | 0.43 | 300 | 13.00 | 70 | 73.0 | 134 | 0.51 | 312 | 9.60 | 25 | 48.6 |
| 108 | 0.43 | 300 | 13.00 | 80 | 66.0 | 135 | 0.45 | 323 | 9.70 | 0 | 100.0 |
| 109 | 0.43 | 300 | 13.00 | 90 | 57.8 | 136 | 0.45 | 323 | 9.70 | 25 | 103.4 |
| 110 | 0.50 | 283 | 15.00 | 0 | 100.0 | 137 | 0.45 | 323 | 9.70 | 50 | 79.3 |
| 111 | 0.50 | 283 | 15.00 | 20 | 95.3 | 138 | 0.45 | 323 | 9.70 | 75 | 59.9 |
| 112 | 0.50 | 283 | 15.00 | 30 | 95.3 | 139 | 0.46 | 320 | 9.70 | 0 | 100.0 |
| 113 | 0.50 | 283 | 15.00 | 40 | 93.8 | 140 | 0.46 | 320 | 9.70 | 25 | 100.4 |
| 114 | 0.50 | 283 | 15.00 | 50 | 90.0 | 141 | 0.46 | 320 | 9.70 | 50 | 84.6 |
| 115 | 0.50 | 283 | 15.00 | 60 | 88.8 | 142 | 0.46 | 320 | 9.70 | 100 | 31.7 |
| 116 | 0.50 | 283 | 15.00 | 70 | 86.8 | 143 | 0.46 | 320 | 9.70 | 0 | 100.0 |
| 117 | 0.50 | 283 | 15.00 | 80 | 85.8 | 144 | 0.46 | 320 | 9.70 | 25 | 93.2 |
| 118 | 0.50 | 283 | 15.00 | 90 | 84.7 | 145 | 0.46 | 320 | 9.70 | 50 | 69.2 |
| 119 | 0.50 | 283 | 15.00 | 100 | 84.8 | 146 | 0.57 | 320 | 2.50 | 20 | 48.3 |

续表

| 编号 | 水胶比 | 水泥用量（kg/m³） | 外加剂（kg/m³） | 冻融次数 | 相对动弹性模量（%） | 编号 | 水胶比 | 水泥用量（kg/m³） | 外加剂（kg/m³） | 冻融次数 | 相对弹性模量（%） |
|---|---|---|---|---|---|---|---|---|---|---|---|
| 147 | 0.55 | 310 | 2.50 | 30 | 65.7 | 150 | 0.46 | 320 | 9.70 | 75 | 62.3 |
| 148 | 0.50 | 336 | 10.30 | 70 | 78.5 | 151 | 0.45 | 288 | 7.80 | 220 | 62.1 |
| 149 | 0.51 | 315 | 9.60 | 25 | 45.8 | 152 | 0.46 | 320 | 9.70 | 75 | 50.7 |

# 附录 4　模袋混凝土质量损失率预测训练样本数据

| 编号 | 水胶比 | 水泥用量（kg/m³） | 外加剂（kg/m³） | 冻融次数 | 质量损失率（%） | 编号 | 水胶比 | 水泥用量（kg/m³） | 外加剂（kg/m³） | 冻融次数 | 质量损失率（%） |
|---|---|---|---|---|---|---|---|---|---|---|---|
| 1 | 0.47 | 330 | 12.00 | 0 | 0.00 | 25 | 0.58 | 290 | 10.00 | 90 | 1.53 |
| 2 | 0.47 | 330 | 12.00 | 10 | -0.29 | 26 | 0.58 | 290 | 10.00 | 100 | 2.02 |
| 3 | 0.47 | 330 | 12.00 | 20 | -0.33 | 27 | 0.58 | 290 | 10.00 | 110 | 2.91 |
| 4 | 0.47 | 330 | 12.00 | 30 | -0.10 | 28 | 0.58 | 290 | 10.00 | 120 | 3.84 |
| 5 | 0.47 | 330 | 12.00 | 40 | 0.33 | 29 | 0.58 | 290 | 10.00 | 130 | 4.28 |
| 6 | 0.47 | 330 | 12.00 | 50 | 1.63 | 30 | 0.58 | 290 | 10.00 | 140 | 4.50 |
| 7 | 0.47 | 330 | 12.00 | 70 | 4.31 | 31 | 0.58 | 290 | 10.00 | 150 | 4.75 |
| 8 | 0.47 | 330 | 12.00 | 80 | 6.48 | 32 | 0.58 | 290 | 10.00 | 160 | 5.22 |
| 9 | 0.57 | 320 | 2.50 | 0 | 0.00 | 33 | 0.57 | 310 | 6.50 | 0 | 0.00 |
| 10 | 0.57 | 320 | 2.50 | 10 | -0.34 | 34 | 0.57 | 310 | 6.50 | 10 | -0.36 |
| 11 | 0.57 | 320 | 2.50 | 20 | -0.14 | 35 | 0.57 | 310 | 6.50 | 20 | -0.09 |
| 12 | 0.55 | 310 | 2.50 | 0 | 0.00 | 36 | 0.57 | 310 | 6.50 | 30 | 1.11 |
| 13 | 0.55 | 310 | 2.50 | 10 | -0.32 | 37 | 0.57 | 310 | 6.50 | 40 | 1.66 |
| 14 | 0.55 | 310 | 2.50 | 30 | 1.29 | 38 | 0.55 | 310 | 2.50 | 0 | 0.00 |
| 15 | 0.55 | 310 | 2.50 | 40 | 2.01 | 39 | 0.55 | 310 | 2.50 | 10 | -0.29 |
| 16 | 0.55 | 310 | 2.50 | 50 | 3.41 | 40 | 0.55 | 310 | 2.50 | 20 | -0.36 |
| 17 | 0.58 | 290 | 10.00 | 0 | 0.00 | 41 | 0.55 | 310 | 2.50 | 30 | -0.39 |
| 18 | 0.58 | 290 | 10.00 | 10 | -0.31 | 42 | 0.55 | 310 | 2.50 | 40 | -0.40 |
| 19 | 0.58 | 290 | 10.00 | 20 | -0.43 | 43 | 0.55 | 310 | 2.50 | 50 | -0.47 |
| 20 | 0.58 | 290 | 10.00 | 40 | -0.45 | 44 | 0.55 | 310 | 2.50 | 60 | -0.43 |
| 21 | 0.58 | 290 | 10.00 | 50 | -0.38 | 45 | 0.55 | 310 | 2.50 | 70 | -0.35 |
| 22 | 0.58 | 290 | 10.00 | 60 | 0.64 | 46 | 0.55 | 310 | 2.50 | 80 | -0.18 |
| 23 | 0.58 | 290 | 10.00 | 70 | 0.99 | 47 | 0.55 | 310 | 2.50 | 90 | -0.15 |
| 24 | 0.58 | 290 | 10.00 | 80 | 1.34 | 48 | 0.55 | 310 | 2.50 | 100 | -0.14 |

续表

| 编号 | 水胶比 | 水泥用量（kg/m³） | 外加剂（kg/m³） | 冻融次数 | 质量损失率（%） | 编号 | 水胶比 | 水泥用量（kg/m³） | 外加剂（kg/m³） | 冻融次数 | 质量损失率（%） |
|---|---|---|---|---|---|---|---|---|---|---|---|
| 49 | 0.55 | 310 | 2.50 | 110 | 0.04 | 78 | 0.45 | 288 | 7.80 | 60 | -0.47 |
| 50 | 0.55 | 310 | 2.50 | 120 | 0.06 | 79 | 0.45 | 288 | 7.80 | 70 | -0.49 |
| 51 | 0.55 | 310 | 2.50 | 130 | 0.16 | 80 | 0.45 | 288 | 7.80 | 80 | -0.40 |
| 52 | 0.55 | 310 | 2.50 | 140 | 0.18 | 81 | 0.45 | 288 | 7.80 | 90 | -0.40 |
| 53 | 0.55 | 310 | 2.50 | 160 | 0.26 | 82 | 0.45 | 288 | 7.80 | 100 | 0.07 |
| 54 | 0.55 | 310 | 2.50 | 170 | 0.29 | 83 | 0.45 | 288 | 7.80 | 110 | 0.11 |
| 55 | 0.55 | 310 | 2.50 | 180 | 0.39 | 84 | 0.45 | 288 | 7.80 | 120 | 0.10 |
| 56 | 0.55 | 310 | 2.50 | 190 | 0.60 | 85 | 0.45 | 288 | 7.80 | 130 | 0.12 |
| 57 | 0.55 | 310 | 2.50 | 200 | 0.76 | 86 | 0.45 | 288 | 7.80 | 140 | 0.16 |
| 58 | 0.57 | 320 | 2.50 | 0 | 0.00 | 87 | 0.45 | 288 | 7.80 | 150 | 0.16 |
| 59 | 0.57 | 320 | 2.50 | 10 | -0.34 | 88 | 0.45 | 288 | 7.80 | 170 | 0.22 |
| 60 | 0.57 | 320 | 2.50 | 20 | -0.42 | 89 | 0.45 | 288 | 7.80 | 180 | 0.22 |
| 61 | 0.57 | 320 | 2.50 | 30 | -0.35 | 90 | 0.45 | 288 | 7.80 | 190 | 0.46 |
| 62 | 0.41 | 315 | 12.40 | 0 | 0.00 | 91 | 0.45 | 288 | 7.80 | 200 | 0.60 |
| 63 | 0.41 | 315 | 12.40 | 10 | -0.34 | 92 | 0.45 | 288 | 7.80 | 210 | 0.71 |
| 64 | 0.41 | 315 | 12.40 | 20 | -0.53 | 93 | 0.50 | 336 | 10.30 | 0 | 0.00 |
| 65 | 0.41 | 315 | 12.40 | 30 | -0.60 | 94 | 0.50 | 336 | 10.30 | 10 | -0.40 |
| 66 | 0.41 | 315 | 12.40 | 40 | -0.61 | 95 | 0.50 | 336 | 10.30 | 20 | -0.37 |
| 67 | 0.41 | 315 | 12.40 | 50 | -0.59 | 96 | 0.50 | 336 | 10.30 | 30 | 0.06 |
| 68 | 0.41 | 315 | 12.40 | 60 | -0.55 | 97 | 0.50 | 336 | 10.30 | 40 | 0.16 |
| 69 | 0.41 | 315 | 12.40 | 70 | -0.76 | 98 | 0.50 | 336 | 10.30 | 50 | 0.67 |
| 70 | 0.41 | 315 | 12.40 | 80 | -0.75 | 99 | 0.50 | 336 | 10.30 | 60 | 1.09 |
| 71 | 0.41 | 315 | 12.40 | 90 | -0.57 | 100 | 0.50 | 336 | 10.30 | 70 | 1.59 |
| 72 | 0.45 | 288 | 7.80 | 0 | 0.00 | 101 | 0.50 | 336 | 10.30 | 90 | 2.59 |
| 73 | 0.45 | 288 | 7.80 | 10 | -0.30 | 102 | 0.50 | 336 | 10.30 | 100 | 3.25 |
| 74 | 0.45 | 288 | 7.80 | 20 | -0.40 | 103 | 0.50 | 336 | 10.30 | 110 | 3.89 |
| 75 | 0.45 | 288 | 7.80 | 30 | -0.40 | 104 | 0.43 | 300 | 13.00 | 0 | 0.00 |
| 76 | 0.45 | 288 | 7.80 | 40 | -0.40 | 105 | 0.43 | 300 | 13.00 | 10 | -0.58 |
| 77 | 0.45 | 288 | 7.80 | 50 | -0.45 | 106 | 0.43 | 300 | 13.00 | 20 | -0.72 |

续表

| 编号 | 水胶比 | 水泥用量（kg/m³） | 外加剂（kg/m³） | 冻融次数 | 质量损失率（%） | 编号 | 水胶比 | 水泥用量（kg/m³） | 外加剂（kg/m³） | 冻融次数 | 质量损失率（%） |
|---|---|---|---|---|---|---|---|---|---|---|---|
| 107 | 0.43 | 300 | 13.00 | 30 | -0.68 | 130 | 0.50 | 283 | 15.00 | 180 | 0.48 |
| 108 | 0.43 | 300 | 13.00 | 40 | -0.65 | 131 | 0.50 | 283 | 15.00 | 190 | 0.79 |
| 109 | 0.43 | 300 | 13.00 | 50 | -0.66 | 132 | 0.49 | 325 | 4.00 | 0 | 0.00 |
| 110 | 0.43 | 300 | 13.00 | 60 | -0.32 | 133 | 0.49 | 325 | 4.00 | 25 | -0.60 |
| 111 | 0.43 | 300 | 13.00 | 80 | -0.17 | 134 | 0.50 | 322 | 4.76 | 0 | 0.00 |
| 112 | 0.43 | 300 | 13.00 | 90 | 0.61 | 135 | 0.50 | 322 | 4.76 | 25 | -0.80 |
| 113 | 0.50 | 283 | 15.00 | 0 | 0.00 | 136 | 0.51 | 315 | 9.60 | 0 | 0.00 |
| 114 | 0.50 | 283 | 15.00 | 10 | -0.30 | 137 | 0.51 | 315 | 9.60 | 25 | -0.40 |
| 115 | 0.50 | 283 | 15.00 | 20 | -0.50 | 138 | 0.51 | 312 | 9.60 | 0 | 0.00 |
| 116 | 0.50 | 283 | 15.00 | 30 | -0.55 | 139 | 0.51 | 312 | 9.60 | 25 | -0.50 |
| 117 | 0.50 | 283 | 15.00 | 40 | -0.57 | 140 | 0.45 | 323 | 9.70 | 0 | 0.00 |
| 118 | 0.50 | 283 | 15.00 | 50 | -0.58 | 141 | 0.45 | 323 | 9.70 | 25 | -0.30 |
| 119 | 0.50 | 283 | 15.00 | 60 | -0.54 | 142 | 0.45 | 323 | 9.70 | 50 | 0.40 |
| 120 | 0.50 | 283 | 15.00 | 70 | -0.54 | 143 | 0.45 | 323 | 9.70 | 75 | 5.00 |
| 121 | 0.50 | 283 | 15.00 | 80 | -0.54 | 144 | 0.46 | 320 | 9.70 | 0 | 0.00 |
| 122 | 0.50 | 283 | 15.00 | 90 | -0.56 | 145 | 0.46 | 320 | 9.70 | 25 | -0.40 |
| 123 | 0.50 | 283 | 15.00 | 100 | -0.49 | 146 | 0.46 | 320 | 9.70 | 50 | 0.10 |
| 124 | 0.50 | 283 | 15.00 | 120 | -0.37 | 147 | 0.46 | 320 | 9.70 | 0 | 0.00 |
| 125 | 0.50 | 283 | 15.00 | 130 | -0.22 | 148 | 0.46 | 320 | 9.70 | 25 | -0.50 |
| 126 | 0.50 | 283 | 15.00 | 140 | 0.06 | 149 | 0.46 | 320 | 9.70 | 50 | -0.60 |
| 127 | 0.50 | 283 | 15.00 | 150 | 0.22 | 150 | 0.46 | 320 | 9.70 | 75 | -0.20 |
| 128 | 0.50 | 283 | 15.00 | 160 | 0.17 | 151 | 0.46 | 320 | 9.70 | 75 | 0.20 |
| 129 | 0.50 | 283 | 15.00 | 170 | 0.35 | 152 | 0.55 | 310 | 2.50 | 20 | 0.03 |

# 参考文献

[1] 司书红，朱高峰，苏永红．西北内陆河流域的水循环特征及生态学意义[J]．干旱区资源与环境，2010，09：37-44．

[2] 柴方营．中国水资源产权配置与管理研究[D]．东北农业大学，2006．

[3] 水情知识：中国水情的主要特点及面临的挑战[J]．河南水利与南水北调，2015，05：11．

[4] 中华人民共和国水利部．中国水资源公报[M]．水利水电，2005-2014．

[5] 罗良国，任爱胜，王瑞梅，等．我国农业可持续发展的水危机及广泛开展节水农业前景初探[J]．节水灌溉，2000，05：6-9，12-42．

[6] 王韩民．关于做好农业和农村节水工作的几点思考[J]．节水灌溉，2002，01：5-6，14-46．

[7] 葛建锐．北方寒区灌渠衬砌基体土冻胀性能研究[D]．黑龙江八一农垦大学，2015．

[8] 杨立业．我国渠库防渗技术的发展及其应用[C]．渠库防渗论文集．西安：三秦出版社，1994．

[9] 李安国．大U形砼渠道冻胀试验观测成果总结[C]．水电部西北水利科学研究所，1986．7．

[10] 廖云，刘建军，陈少峰．混凝土渠道冻胀破坏机制与抗冻技术研究进展[C]． 第二届中国水利水电岩土力学与工程学术讨论会论文集，2008．11．

[11] 王春梅，张伟，敖云飞．河套灌区续建配套与节水改造工程质量问题及对策[J]．水利建设与管理，2015，11：60-62．

[12] 赵永稷．河套灌区防洪排涝问题分析及对策研究[J]．内蒙古水利，2013，01：80-81．

[13] 张江保．浅论模袋混凝土护坡施工技术——水下铺灌法[J]．中国西部科技，2009，8(17)：45-46．

[14] 张利萍，罗凯．模袋混凝土护坡施工技术在港口航道整治工程中的作用[J]．中国水运月刊，2014，14(11)：305-306．

[15] 黄瑞河．模袋混凝土应用于海堤护坡施工技术探讨[J]．广西水利水电，2005(2)：31-34．

[16] 王洪波，苏新华，丛全日．模袋混凝土护坡施工技术剖析[J]．黑龙江水利科技，2008，36(5)：50-51．

[17] 杨智，袁磊，李淼，等．充泥管袋和模袋混凝土在堤防中的应用[J]．水利水电科技进展，2000，20(2)：44-46.

[18] 周维生．纤维模袋混凝土护坡及其应用[J]．水运工程，1988，02：44-50.

[19] 黄国兴，陈改新，纪国晋．模袋混凝土护坡及其病害调查[A]．中国土木工程学会混凝土及预应力混凝土分会混凝土耐久性专业委员会．第五届全国混凝土耐久性学术交流会论文集[C]．中国土木工程学会混凝土及预应力混凝土分会混凝土耐久性专业委员会，2000：7.

[20] 王瑞海，孙卫平．模袋混凝土充灌施工工艺[J]．水运工程，2000(12)：70-72.

[21] 周永丰，甄广常，李小朋，等．模袋混凝土配合比设计[J]．河北工程技术高等专科学校学报，2007(4)：24-26.

[22] 汪玉君，王殿武，李趋，等．机织模袋混凝土配合比试验研究[J]．东北水利水电，1999(4)：17-20.

[23] 刘倩．模袋混凝土护坡技术在施工中的应用[J]．天津建设科技，2012(1)：39-41.

[24] 黄国庆，何朝霞，冯凯．模袋混凝土护坡施工及质量控制[J]．人民长江，2008，39(5)：65-67.

[25] 周永波，李文云，贾青．黑龙江河道防护中模袋混凝土应用的研究[J]．黑龙江水专学报，2007，34(2)：47-49.

[26] 王洪波，苏新华，从全日．模袋混凝土护坡施工技术剖析[J]．黑龙江水利科技，2008，36(5)：50-51.

[27] 周建河，房海．模袋混凝土在松花江堤防护坡工程中的应用[J]．吉林水利，1995(1)：38-40.

[28] 郑鑫，葛建锐，刘少东，等．渠道衬砌冻胀破坏研究现状与展望[J]．黑龙江八一农垦大学学报，2014，26(6)：20-24.

[29] 冯广志．灌区建筑物老化病害检测与评估[M]．北京：中国水利水电出版社，2003．149-152.

[30] 王海龙．轻骨料混凝土早期力学性能与抗冻性能的试验研究[D]．内蒙古农业大学，2009.

[31] 侯子义．铺面水泥混凝土抗冻耐久性研究[D]．河北工业大学，2012.

[32] 马成功．泵送普通混凝土配合比优化研究[D]．宁夏大学，2014.

[33] 叶广才．模袋混凝土工程施工工艺探索[J]．广东建材，2011，27(4)：60-62.

[34] 周永丰，甄广常，李小朋，等．模袋混凝土配合比设计[J]．河北工程技术高等专科学校学报，2007(4)：24-26.

[35] 陶厚余．模袋混凝土施工的质量控制[J]．山西建筑，2009，35(34)：239-240.

[36] 张志满．模袋混凝土施工工艺[J]．水运工程，2008(2)：109-113．

[37] 孔德芒．浅谈模袋混凝土施工技术与质量控制[J]．价值工程，2013(12)：61-62．

[38] JGJ.55-2011．普通混凝土配合比设计规程[S]．北京：中国建筑工业出版社．2011．

[39] 罗芬．掺粉煤灰膜袋混凝土的运用[J]．经营管理者，2013(31)：378-378．

[40] 鄂铁英，叶坤．土工模袋在水利工程中的应用[J]．内蒙古水利，2014(3)：183-184．

[41] 叶远胜，孙振西，范景春．高流态模袋混凝土配合比设计及性能研究[J]．东北水利水电，2004，22(1)：33-35．

[42] 王瑞海，孙卫平．模袋混凝土充灌施工工艺[J]．水运工程，2000(12)：70-72．

[43] 杭玉生，程业生．模袋混凝土的施工工艺与质量监控[J]．南通职业大学学报，2005，19(2)：84-87．

[44] 李亚童，申向东，高矗，等．大型灌区现役衬砌模袋混凝土渠道力学性能检验[J]．中国农村水利水电，2016 (1)：105-108

[45] 中国工程建设标准化协会．钻芯法检测混凝土强度技术规程 CECS 03：2007．

[46] 宋远明，钱觉时，王智，等．燃煤灰渣火山灰反应活性[J]．硅酸盐学报，2006，34(8)：962-965．

[47] 郑翔．t 检验准则检验混凝土芯样抗压强度检测批样本中的异常值[J]．福建建筑，2010，141(3)：35-36．

[48] 王文周．未知 σ，t 检验法剔除异常值最好[J]．四川工业学院学报，2000，19(3)：84-86．

[49] Hognestad E,et al.Concrete stress distribution in ultimate strength design[M]. Journal of ACI,1955.

[50] Kent D C,Park R.Flexural Members with Confined Concrete, Journal of the Structural Division [M] . ASCE, 1971.

[51] Pa rkR, Paulay T. Reinforced concrete structures[M].New York: Wiley,1975.

[52] Popvics S . A Review of Stress - Strain Relationships of Concrete[M].ACI, March 1970.

[53] 过镇海，张绣琴，张达成，等．混凝土应力-应变全曲线的试验研究[J]．建筑工程学报，1982，3(1)：1-12．

[54] 高矗，申向东，王萧萧，等．石灰石粉对浮石混凝土力学性能和微观结构的影响[J]．硅酸盐通报，2014，07：1583-1588．

[55] 孙立春．早期推定粉煤灰混凝土强度试验研究[D]．西安建筑科技大学，2007．

[56] 时丹．基于神经网络的混凝土强度预测研究[D]．辽宁工程技术大学，2013．

[57] 孟红．基于 BP 神经网络的再生混凝土强度预测[D]．青岛理工大学，2012．

[58] 汪卫琴．基于神经网络的再生骨料混凝土强度的影响因素及其规律[D]．青岛理工大学，2014．

[59] 赵娜．基于人工神经网络的混凝土抗冻性预测[D]．内蒙古科技大学，2010．

[60] 于晟．基于人工神经网络的混凝土孔结构与强度关系研究[D]．浙江大学，2006．

[61] 时方稳．粉煤灰混凝土抗冻性预测研究[D]．西北农林科技大学，2012．

[62] 李金玉，曹建国，徐文雨，等．混凝土冻融破坏机理的研究[J]．水利学报，1999，34(1)：41-49．

[63] 杨文萃．无机盐对混凝土孔结构和抗冻性影响的研究[D]．哈尔滨工业大学，2009．

[64] 蒲建国．混凝土的耐久性分析[J]．中国建材科技，2011(4)：28-30．

[65] 黄孝蘅，许彩虹，王丽文，等．硬化混凝土中气泡性质对抗冻性影响的试验研究[J]．中国港湾建设，2003(3)：14-17．

[66] Rakesh Kumar, Bhattacharjee B. Porosity, Pore size distribution and in situ strength of concrete [J]. Cement and Concrete Research, 2003, 33(2):155-164.

[67] 杨钱荣，张树青，杨全兵，季文革．引气剂对混凝土气泡特征参数的影响[J]．同济大学学报（自然科学版），2008，(03)：374-378．

[68] 贾致荣，张众．含气量对大掺量粉煤灰混凝土强度的影响[J]．混凝土，2012(10)：39-40，44．

[69] 李家正．引气剂引气特性对混凝土抗冻性能影响研究[A]．混凝土外加剂及其应用技术，2004（8）．

[70] 李建新，王起才，李盛，等．含气量对水泥砂浆抗冻耐久性的影响[J]．硅酸盐通报，2014(7)：1781-1787．

[71] 张德思，成秀珍．硬化混凝土气孔参数的研究[J]．西北工业大学学报，2002，20(1)：10-13．

[72] 杨鲁．新拌混凝土和硬化混凝土气泡参数研究[D]．重庆大学，2012．

[73] 姚佳良，翁庆华，刘虎跃，等．引气混凝土试验研究[J]．工业建筑，2010，40(8)：107-113，127．

[74] 李俊毅．硬化混凝土气泡间距系数的临界值[J]．港口工程，1997，(03)：27-29..

[75] 胡江，黄佳木，李化建，等．掺合料混凝土抗冻性能及气泡特征参数的研究[J]．铁道建筑，

2009(6)：124-127.

[76] 内蒙古农业大学工程结构与材料研究所. 内蒙古河套灌区渠道现役模袋混凝土强度、抗冻性检测与配合比设计评估报告汇编[R]. 2016. 2.

[77] 李亚童. 北方寒区现役模袋混凝土衬砌渠道强度、抗冻性检测及评估预测[D]. 内蒙古农业大学，2016.

[78] 刘昱. 内蒙古河套灌区模袋混凝土配合比优化设计及耐久性能研究[D]. 内蒙古农业大学，2016.